慢生活工坊 编

# 花卉绿植

## 栽培入门手册

U0214813

海峡出版发行集团
THE STRAITS PUBLISHING & DISTRIBUTING GROUP
福建科学技术出版社
FUJIAN SCIENCE & TECHNOLOGY PUBLISHING HOUSE

图书在版编目（CIP）数据

花卉绿植栽培入门手册/慢生活工坊编.—福州：
福建科学技术出版社，2018.10
ISBN 978-7-5335-5673-0

Ⅰ.①花… Ⅱ.①慢… Ⅲ.①花卉－观赏园艺－手册
②园林植物－观赏园艺－手册 Ⅳ.①S68-62

中国版本图书馆CIP数据核字（2018）第196518号

| | | |
|---|---|---|
| 书　　名 | 花卉绿植栽培入门手册 |
| 编　　者 | 慢生活工坊 |
| 出版发行 | 福建科学技术出版社 |
| 社　　址 | 福州市东水路76号（邮编350001） |
| 网　　址 | www.fjstp.com |
| 经　　销 | 福建新华发行（集团）有限责任公司 |
| 印　　刷 | 福州华悦印务有限公司 |
| 开　　本 | 889毫米×1194毫米　1/32 |
| 印　　张 | 8 |
| 图　　文 | 128码 |
| 版　　次 | 2018年10月第1版 |
| 印　　次 | 2018年10月第1次印刷 |
| 书　　号 | ISBN 978-7-5335-5673-0 |
| 定　　价 | 39.80元 |

PREFACE
前言

现代生活中，除了上网、玩游戏外，人应该找一些更加健康的放松方式。养一些花花草草就是很好的选择，既能陶冶情操，磨练耐心，还能美化家居环境，净化空气，可谓一举多得。但很多人害怕自己不能够妥善照顾好这些植物而放弃了，现在有了本书，大家便可以安心体验养花种草的快乐了。

《花卉绿植栽培入门手册》集观花观叶植物于一体，植物种类极多，内容全面丰富，论述具体而又简明扼要，并配合以精美的实物图片和实用的文字说明。如果你是一个热爱生活、热爱花卉植物的人，这本书将给你带来巨大的收获。

参加本书编写的包括：李倪、张爽、易娟、杨伟、李红、胡文涛、樊媛超、张严芳、檀辛琳、廖江衡、赵丹华、戴珍、范志芳、赵海玉、罗树梅、周梦颖、郑丽珍、陈炜、郑瑞然、刘琳琳、楚晶晶、惠文婧、赵道强、袁劲草、钟叶青、周文卿等。由于作者水平有限，书中难免有疏漏之处，恳请广大读者朋友给予批评指正 。若读者有技术或其他问题，可通过邮箱xzhd2008@sina.com和我们联系。

# 目录
## CONTENTS

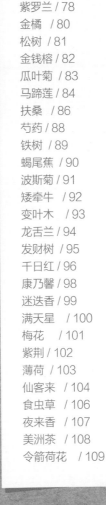

## 第四章
## 喜欢阴天的花卉绿植

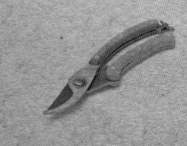

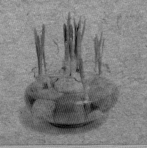

第一章

从零开始
争做养花达人

# 温度对花卉的影响

各种植物的生长、发育都要求有一定的温度条件。

## 植物对温度的要求

温度是影响花卉植物生长发育的重要因素，也是决定着植物内在生理变化和繁殖的关键，不同的植物对温度的要求也不相同。但针对不同的植物，我们通常只需要了解三点就够了，分别是最适温度、最低温度以及最高温度。

不耐寒性花卉：茉莉

耐寒性花卉：菊花

半耐寒性花卉：水仙

**小贴士：**

一般来说，当温度位于最低温度和最适温度范围内时，植物的生长速度会随着温度的升高而加快，当超过最适温度后，则生长速度开始下降，而当温度达到最高温度时，植物就会停止生长，如果温度继续升高，植物可能会受到伤害。

最适温度就是最适合植物生长的温度，在这个温度下，植物不仅生长快，而且生长健壮、不徒长。

最低温度指的是植物能够生长的最低温度，也就是说低于这个温度，植物将会停止生长，甚至受到冻害。最低温度和植物的原产地有很大的关系，例如原产于温带地区的花卉，最低温度一般在 5~10℃，原产于热带的花卉，最低温度在 10~15℃。

最高温度即植物所能接受的最高温，超过最高温度，植物会枯萎、脱落直至死亡。

# 根据花卉植物对温度的要求进行分类

一、根据耐寒能力的不同，可以将花卉植物分为三类，分别是耐寒性花卉、不耐寒性花卉以及半耐寒性花卉。

1.耐寒性花卉：此类花卉抗寒能力强，多产于温带或寒带地区，往往能忍受 -5~10℃低温，耐寒性花卉主要有三色堇、雏菊、金鱼草、玉簪、菊花、郁金香、风信子等。

2.不耐寒性花卉：此类花卉耐寒能力较差，多产于热带、亚热带地区，最多能忍受5℃左右的低温，不寒性花卉主要有鸡冠花、万寿菊、一串红、茉莉、矮牵牛、美女樱、美人蕉、大丽花等。

3.半耐寒性花卉：此类花卉的耐寒能力介于耐寒性花卉和不耐寒性花卉之间，多产于温带南部和亚热带北部地区，半耐寒性花卉主要有金盏菊、鸢尾、水仙、广玉兰、梅花、桂花、南天竹、夹竹桃等。

二、根据越冬温度的不同，可以将温室花卉分为高温温室花卉、低温温室花卉和中温温室花卉。

1.高温温室花卉：此类花卉多原产于热带地区，越冬温度一般不宜低于10℃，有的甚至不能低于15℃，高温温室花卉主要有变叶木、龙血树、朱蕉等。

2.低温温室花卉：此类花卉多原产于温带南部地区，越冬温度一般在5℃左右即可，低温温室花卉主要有报春花、小苍兰、紫罗兰、山茶花、倒挂金钟、瓜叶菊等。

3.中温温室花卉：此类花卉多原产于亚热带地区，越冬温度一般在8~15℃之间，中温温室花卉主要有肾蕨、仙客来、扶桑、橡皮树、龟背竹、棕竹、白兰、一品红、冷水花等。

高温温室花卉：变叶木

低温温室花卉：山茶花

中温温室花卉：扶桑

# 利用温度来调节花期

自然界中，植物的花期一般是固定而有规律的，不同的植物会在不同的温度下开花，因而在养护过程中，我们可以利用温度来刻意地改变植物的花期，采取以下三个手段：升温、降温和变温。

## 一、升温

一般来说，升温可以使植物的花期提前或者延长。例如，茉莉开花需要保持25℃以上的温度，当秋季温度下降到25℃以下时，茉莉就不再开花了。此时，我们可以将茉莉放入室内，升温至25℃，这样茉莉就能继续开花，从而达到了延长花期的目的。

同样，杜鹃和牡丹在自然界的正常花期一般为4~5月，但如果我们在冬季将其摆放在温室内，并保持18~25℃的温度，它们便能够提前开花。摆放在温室中的石竹也能够全年开花。

## 二、降温

一般来说，降温对一些花卉能够起到减缓生长速度、延迟开花的效果。例如在春季植物花期到来前，将植物移入冷室中，可以使其继续休眠，从而推迟花期。

温度对植物的生长很重要

## 三、变温

变温指的是不仅仅对植物进行降温或者升温的单一处理，而是升温降温结合使用。例如，针对百合的种球进行先升温后降温的处理，就可以使植物提前开花。

# 花卉植物如何安全越冬

现在很多人都喜欢在家里养绿植，冬季对于植物来说是相对比较难熬的季节，一不小心就可能出现冻死的情况。很多花友都在担心植物的越冬问题，因此植物安全过冬是养花过程中的一件大事。

## 一、少浇水

入冬后，植物进入休眠状态，不需要浇太多的水。遇上天气较为严寒时，则需防止霜冻带给植物的伤害，避免浇水太多，导致植物发黄甚至腐烂。一般来说，耐干旱的植物半个月至一个月浇一次水即可，其他类型的植物约一星期浇一次水。

## 二、保暖通风

冬季气候寒冷，既要做好保暖防寒措施，也要保持一定的通风，不开启的门窗最好用布条封好，夜间玻璃上挂上保暖布帘，可使室温提高 3~5℃，对于摆放在角落通风不畅的植物常常需要特意搬到窗边或阳台去通风。

冬季将植物移入室内

## 三、少施肥，多光照

冬季施肥的频率不用太高，并且千万不要将肥料直接撒到泥土面上，否则会引起植物根部腐烂。此外，冬季植物一般要移入室内，但不能少了光照，植物搬进室内后，应放置在向阳暖和处。喜阳植物放前，半耐阴或耐阴盆花放后，还要不定期转换朝向。第一周应开窗通风，让植物逐渐适应温度变化。

## 花卉植物如何度夏

夏季是一个炎热的季节，也是花卉植物面临的一个难关，因此需要花友们对植物进行悉心养护，下面就来和大家分享花卉植物度夏的注意事项。

## 一、光照和温度

根据花卉的不同习性调整温度和光照条件。喜凉爽、忌高温的花卉，可放置在凉棚或树荫下，并向叶面喷水降温；喜温暖、生长期需要充足阳光的花卉可置于阳光能照射到的阳台处。

## 二、浇水

夏季养花浇水要适度。夏季气温高，水分蒸发快，植株需要及时浇水，时间应选在早晨或傍晚，最好不要在中午浇水，否则根系遇冷水不能吸收，可能导致叶片焦枯，植株死亡。雨水充足时，要特别注意植株的排涝工作。在下雨前多给植株施肥，也有利于植株的快速生长。

## 三、病虫害和修剪

夏季为高温且多湿润气候，病虫害极易发生。所以要做好病虫害的防治工作。同时夏季是花卉的生长旺季，植物容易徒长，所以要及时修剪，修剪要将植物上的黄叶、老叶、病叶剪除，使植株整体形态更加优美。开花的植物，则要在花败后及时将花朵剪去，这样才能留给植物足够的营养。

# 花卉植物春秋养护要点

安全地度过了夏季和冬季，春秋季节也不能懈怠哦。春秋季节，气候相对比较适宜，植物面临的困难不像夏冬季节那么严峻，但仍有不少需要注意的地方，下面让我们一起来看一看。

## 一、春季

早春花卉需要一定水分，但如果浇水过多可能会引起徒长，对花卉的正常发育不利。为了防止春旱的发生，要经常对植株叶面进行喷水。早春时节要特别注意在正午保持花的通风。一般10~15天进行一次施肥。一般花卉均适宜在春季繁殖，早春时节可将植株健壮的枝或茎、根、叶剪取进行扦插繁殖。春季也是虫害的多发季，要注意观察，及时处理，将病虫害消灭在萌芽状态。

早春剪取茎叶进行扦插繁殖

## 二、秋季

初秋，特别是九月上中旬，气温还较高，植株蒸腾量大，大部分花卉应1~2天浇一次透水，九月中下旬开始就应控制浇水量，并停止施肥。部分花卉可在秋季修剪整形，在秋末冬初进行剪枝，这样可使植株在冬季减少养料消耗，促进盆花健壮，来年开花才多。立秋后气温降低，一些二年生栽培的植物，正是播种的好时机，9~10月均可进行播种，播后注意喷水，保持土壤湿润。秋季仍是病虫害的高发季节，植株易遭受介壳虫、红蜘蛛、蚜虫、白粉虱等害虫的危害。病害包括叶斑病、枝干的腐烂病等。在盆花入室前，必须彻底治疗这些病虫害。

# 光照是植物生命的源泉

光照对于植物，就像空气对于人类一样，具有十分重要的作用。

光照是花卉生存的必要条件，影响着花卉的生长和发育。大部分的植物都喜爱阳光，因为植物都要吸收阳光的能量，将二氧化碳和水转化为有机物质并释放出氧气，进行"光合作用"。没有光线就没有光合作用，没有光合作用的植物就不能生长，所以光照是养好家养植物的重要因素。

阴性花卉：君子兰

阳性花卉：石榴

中性花卉：萱草

光照是植物生命的源泉

花卉植物的形态也受到光照的影响，光照的强弱决定着植物叶片的大小、厚度、枝条和茎的长短、粗细以及叶色的浓淡和花色的深浅等。此外，日照的长短和强度还影响着植物的生长、休眠以及种子的萌发等。

自然界的光照不是一成不变的，而是受到很多因素的影响，比如地理位置、季节因素和天气情况等。一般来说，纬度越低的地方，光照越强；海拔越高的地方，光照越强；一年之中，夏季的光照时间最长，强度也最大；一天之中，清晨和傍晚的光照较弱，中午的光照最强。

## 花卉植物根据对光照的要求来分类

一、根据对光照喜好的不同，可以将花卉植物分为三个类别，分别是阳性花卉、阴性花卉以及中性花卉。

1.阳性花卉：此类花卉喜光照，不耐阴，光照不足会使植物长势不佳，阳性花卉主要有鸡冠花、千日红、玉兰、石榴、紫薇、合欢等。

2.阴性花卉：此类花卉喜欢荫蔽的生长环境，忌阳光直射，否则容易使叶片焦枯，阴性花卉主要有玉簪、仙客来、大岩桐、含笑、栀子花、倒挂金钟、君子兰等。

3.中性花卉：此类花卉对光照的要求不是很严格，可接受适当的光照也可以接受半阴的环境，中性花卉主要有扶桑、八仙花、桂花、茉莉、萱草等。

二、根据植物开花对光照时间要求的不同，可以将花卉植物分为长日照花卉、短日照花卉和中日照花卉。

1.长日照花卉：每天的光照时数在14小时以上才能形成花芽，光照时间越长，则开花越早。这类花卉主要有瓜叶菊、三色堇、金盏菊、虞美人、紫罗兰、鸢尾等。

2.短日照花卉：一般在夏末和秋季开花的花卉，每日光照时数在12小时以内，如果超过时数，反而会延迟开花期。这类花卉主要有一品红、菊花、波斯菊、蟹爪兰等。

3.中日照花卉：中日照花卉对日照的时间长短并不敏感，无论日照时间长还是短，都会正常开花，这类花卉主要有天竺葵、石竹、月季等。

长日照花卉：三色堇

短日照花卉：蟹爪兰

中日照花卉：月季

## 光照的管理

由于各种植物在原产地的气候、环境等自然条件的不同，因此它们对光照的要求也是不同的。在家庭栽培时，如果环境中的光照不能适宜植物的生长，那么就需要人为地对光照进行管理，主要体现在合理的摆放位置、适当的遮阴和调节光照周期这几个方面。

### 一、合理的摆放位置

对于喜欢光照的植物，我们摆放花盆的时候应该考虑选择朝南阳台、庭院那样光照充足的地方；处于装饰目的要把花盆搬到室内的话，也要记得过一段时间把它拿到室外透透气，见见光，或者挪到靠近窗口有光的地方。而对于喜阴的植物，则适合摆放在室内无直射光处养护。

### 二、适当遮阴

对于原产于热带雨林、山地阴坡、林下等阴湿环境的植物，如杜鹃、文心兰、红掌等，由于原产地阴雨天气较多，空气湿度较大、透明度较低。当移植到我国北方时，在盛夏，需要将这类花卉放在阴棚下或树荫下，避免强光直射。

摆放在半阴处的植物

### 三、调节光照周期

调节光照周期指的是为了创造适合植物生长的光照环境，在一段时期内，每天对植物进行遮阴或者补光数小时。

# 家庭养花浇水全攻略

俗话说"活不活在于水，长不长在于肥"，要想在家庭中养好花卉植物，浇水是一项关键的环节，也是最有讲究的一个环节，浇水前必须先搞清楚植物是喜干，还是喜湿，或者是半干性的。不能对不同习性的植物采取统一的浇水策略。

## 一、植物缺水的信号

每种植物都有一套合理的浇水方法。如果你不知道怎么办，可等到植物缺水时就进行浇水，那么就需要你能辨别出植物是不是缺水了。如果你发现你的植物叶片或萎蔫下垂或不直立，或者迟迟不长出新芽，又或是老叶呈半卷状、整株叶片半垂、土壤干硬等，这些都是植物缺水的信号，此时就需要你给它及时浇水。

浇水是一项关键的环节

## 二、水质的选择

浇水水质的基本要求是清洁、无污染、无毒，最好呈微酸性，而弱碱性的矿泉水则不适宜给花卉植物浇水。日常养护中，大部分会选择用自来水进行浇水，这是可以的。但是自来水含有消毒剂漂白粉，其中的氯离子容易伤害到植物幼嫩的根毛，因此最好将其静置 1~2 天，待氯气挥发后、水温接近土温时，再用来浇水。

## 三、浇水的时间

盆栽花卉的浇水时间根据季节的不同而有所区别。春秋季节，浇水的时间要求较宽松，上午 10 点左右和下午 4 点以后是浇花的适宜时间，中午浇水也是可以的。而夏季则不能在中午浇水，因为盛夏中午温度最高，盆土与水温差异最大，这时浇水会产生大量热气，对盆花生长不利；此外，由于盆土突然降温，会使植物的根毛受到低温的刺激而收缩，阻碍水分的正常吸收，因此夏季合理的浇水时间为早上 8 点以前或者傍晚 5 点以后。和夏季相反，冬季天气比较寒冷，因此适合选择在较温暖的中午来进行浇水。

## 四、浇水的方法

盆栽花卉浇水前，最好先将盆土松一松，这样有利于水分的吸收。对于小型的花盆，可以用浸盆法来浇水，具体的做法是将小型盆栽放入较大的水盆中，使水从排水孔渗入盆土，至盆土表面微湿后搬出，这样可防止盆土因浇水而板结，有利于盆花的根呼吸。除了定时规律的浇水外，夏季高温时期，还可以向叶片或者周围环境进行喷雾或者洒水，能够起到降低温度和增加空气湿度的作用。

## 五、浇水量

给花卉植物浇水时还要掌握好量，一般盆栽花卉要掌握"见干见湿"的原则，木本花卉和仙人掌类要掌握"干透、湿透"的原则，水量过多或过少都不利于植物生长。浇水量过少，会使土壤中水分不足，久而久之会造成叶片枯黄甚至植株死亡。而浇水量过多，则会造成土壤中水分含量太大，从而使根系因缺氧而呼吸困难，代谢功能降低，时间长了也会导致叶子发黄，甚至植株死亡。

喷水工具

洒水工具

浸盆法浇水工具

# 花卉植物的施肥

肥料就是植物的养分，有的植物喜肥，有的则耐贫瘠。

植物已知需要碳、氢、氧、氮、磷、钾、钙、镁、硫、铁等16种元素，除了碳、氢、氧外，其余的元素从土壤和肥料中获得。在植物的必需营养元素中，碳、氢、氧来自大气和水，而其他元素均靠植物根系从土壤中吸收。

## 一、无机肥与有机肥

无机肥是化学合成或天然矿石加工而成的肥料，其特点是肥效快，但养分单一且肥效不长久，如果长期单独使用，会使盆土板结。有机肥是指含有大量生物物质、动植物残体、排泄物、生物废物等物质的缓效肥料。其特点是迟效肥料、养分全、肥效长，但使用前一定要经过发酵腐熟。

## 二、基肥与追肥

基肥也就是底肥，一般是在播种或移植前施用，也可以在盆栽植物换盆或换土时施用。基肥的作用主要是供给植物整个生长期中所需要的养分。基肥的配料一般有草炭、珍珠岩、蛭石等，厩肥、堆肥、家畜粪等是最常用的基肥。追肥是指在作物生长中加施的肥料。追肥的作用主要是为了供应作物某个时期对养分的大量需要，或者补充基肥的不足。家庭栽培花卉植物时，通常是基肥追肥相结合，并以基肥为主追肥为辅。

## 三、施肥的时间

施肥要注意季节。冬季气温低，植物生长缓慢，大多数花卉处于生长停滞状态，一般不施肥或少施肥，施肥的时间宜在中午前后。春、秋季正值花卉生长旺期，根、茎、叶增长，花芽分化，均需要较多肥料，应适当多些追肥。施肥的时间可选在晴天气候干燥或下雨前，雨后和连阴雨天不施。夏季气温高，水分蒸发快，又是花卉生长旺期，施追肥浓度宜小，次数可多些，施肥的时间一般选在傍晚。

## 四、施肥的量

施肥的目的是给植物补充养分，使植物更好地生长，但无论何时都应做到适量，不能过量，否则会影响花卉生长发育。比如钾肥过多，会导致植株低矮，叶皱色褐，甚至枯萎。磷肥过多，会阻碍花卉生育，影响开花结果。而氮肥过多，则植株易徒长，茎叶柔弱，影响开花结果，且易遭病虫危害。

## 五、巧用家中材料进行施肥

淘米水中含有蛋白质、淀粉、维生素等，营养丰富，用来浇花，会使花卉更茂盛。养鱼缸中换下的废水，含有剩余饲料，用它浇花，可增加土壤养分，促使花卉生长。将鸡蛋壳蛋清洗净，在太阳下晒干后放入碾钵中碾成粉末。可按1份鸡蛋壳粉3份盆土的比例混合拌匀，是一种长效的磷肥。将猪排骨、羊排骨、牛排骨等吃完剩下骨头装入高压锅，蒸30分钟后，捣碎成粉末。按1份骨头屑3份河沙的比例拌匀，其氮、磷、钾含量丰富，可作为多肉植物的基肥，有利于植物的生长。

巧施肥能让花卉更茁壮

# 花卉植物还可以进行水培

除了盆栽外，一些水培的花卉植物也很好看。

水培是一种新型的植物无土栽培方式，是指采用现代生物工程技术，对普通的植物进行驯化，达到无土栽培的目的。其核心在于将根系浸润在营养液中，用营养液代替土壤，向植物提供水分和养分等生长必需，使植物正常生长。水培花卉因其照顾方便、价格便宜、干净，并且能实现鱼花共赏画面，而广泛受到人们的喜爱。

## 一、适合水培的花卉植物

适合进行水培的花卉植物品种主要有合果芋、火鹤花、常春藤、鹅掌柴、彩叶草、绿巨人、白掌、春羽、孔雀竹芋、绿萝、龟背竹、散尾葵、肾蕨、滴水观音、袖珍椰子、君子兰、朱顶红、仙客来、蝴蝶兰、风信子、郁金香、芦荟、蟹爪兰、龙舌兰、番茄等。

## 二、水培的容器

水培的容器一般都是玻璃容器，因为能方便观察植物的生长状态以及水质和根系的健康状况。在挑选容器时，应以透明、容易吊挂、能够平稳放置、美观大方为主，并且能够与栽植的水培花卉种类和室内环境相适应，保证水培植物的生长空间不受限制。除了购买的容器外，有兴趣的玩家还可以自己动手制作容器。

水培芦荟

### 三、水培植物对光照的需求

光照是植物生存的必要条件，不同的植物根对光照强度的适应程度也不同，如果是静止水培，多选用的是较为耐阴、喜阴的植物。阴性植物也就是耐阴能力较强的植物，它们在弱光照下比在全光照条件下生长得好，只有将水培植物摆放在合适的位置，植物才能健壮生长。如果摆放位置不当，光照强弱不符植物习性要求，就会严重影响生长发育和观赏性。

### 四、水培植物对温度的要求

水培所采用的花卉植物，一般都不耐寒，温度适宜控制在 15~28℃。气温低于 10℃时，有些花卉生长停滞，叶色失去光泽，甚至会发生冻害。即使是耐寒性较强的植物也只能承受 5~7℃的低温。温度过低时，可通过在水培花卉上覆盖旧报纸、塑料薄膜等方式给植物保温。

另一方面，温度过高也不适宜植物的生长，30℃以上时，植物往往会出现烂根、叶边焦枯、老叶发黄、垂萎脱落等现象。如果没有调节环境温度的设施及能力时，不妨选择对温度适应范围较宽的花卉，如龟背竹、马蹄莲、常春藤、君子兰等。

### 五、水培植物对空气的要求

由于水培植物的根生长在严重缺氧的静止的水中，因此良好的通风环境是花卉正常生长的重要条件。摆放在室内的水培花卉，应定时开启门窗，形成空气对流，加强通风，从而保持植株良好生长。除了注意通风外，空气的湿度也很重要。增加空气湿度的方法有很多，最简单的方法就是向植物叶面喷雾，此外还可以用湿毛巾擦拭叶片表面来增加空气湿度。

水培水仙

花卉的繁殖，可分为有性繁殖和无性繁殖两种。有性繁殖是用种子播种繁殖后代。无性繁殖又叫营养繁殖，用植物的营养器官的一部分，培养成新的植株，方法主要包括有扦插、分株、嫁接等。

## 一、播种繁殖

播种繁殖适用于绝大部分花卉，播种前，要先选准品种，并且是颗粒饱满、无病虫害的优良种子。播种时间一般在春秋两季，春播时间通常为 2~4 月，秋播时间通常为 8~10 月。播种的方法一般分为露天地播种和盆播种两种，家庭中常用的是盆播种的方法。

制作步骤

**1** 准备好健康饱满的种子，并选择一个合适的新容器。

**2** 铺入易于花盆排水的物质，如细卵石、木屑、树皮、碎瓦片等，再铺入植株所需培养土。

**3** 播种，将种子均匀撒入土中，播种密度因花盆和种子大小而异，一般株距约 10 厘米。

**4** 覆土，有些植物种子播后不覆土，轻压一下即可，如洋桔梗、矮牵牛等。

## 二、扦插繁殖

扦插是无性繁殖的主要方式，一般可分为枝插、叶插和根插，以下以枝插为例。

 剪取植株健壮枝条，做插穗。

 去除下部叶片，可在插穗切口上涂抹生长促进剂，如生根粉、吲哚乙酸等，以提高成活率。

 将插穗插入事先备好的土壤中，插入深度根据植物的不同而不同，生根后可移植。

## 三、分株繁殖

分株法是把植株的蘖芽（靠近根部的芽）、球茎、根茎、匍匐茎等，从母株上分割下来，另行栽植而成独立新株的方法。

 在盆土略松动时，用手托住盆底，轻轻将植株取出。

将较长根剪去，分开植株，找到合适的分切点，去除枯叶、老根。

 用栽培植物所需土壤进行栽植，最后重新栽培到新的花盆中。

## 四、嫁接繁殖

嫁接法就是将花卉植物的枝或芽，人工嫁接到另一种花卉植物的茎或根上。

**制作步骤**

 在需要繁殖的植株上削下一段作为接穗。

② 将砧木切开，插上接穗并绑扎好。

③ 泥团包扎，根据植株差异，有些植株不需要泥团包扎，有些植株还需绑扎上树叶，以防止雨水冲刷。

嫁接成活的金橘

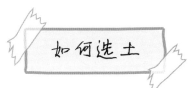

# 如何选土

土壤与植物的根系直接接触，选对合适的土壤很重要，下面介绍花卉绿植常用的介质。

**陶粒**

一种具有较强的透气性和排水性能的颗粒介质，常常被用作盆栽的铺底物，是比较常用的颗粒物。

**赤玉土**

赤玉土由火山灰堆积而成，是运用最广泛的一种土壤介质，其形状有利于蓄水和排水，中粒适用于各种蔬菜的栽植。

**鹿沼土**

一种罕见的物质，产于火山区，呈酸性，有很高的通透性、蓄水力和通气性，尤其适合忌湿、耐瘠薄的植物。鹿沼土可单独使用，也可与泥炭、腐叶土等其他介质混用。

**腐叶土**

腐叶土是由枯叶、落叶、枯枝及腐烂根组成。具有丰富的腐殖质和很好的物理性能。

**泥炭土**

泥炭土是由苔藓类及藻类堆积腐化而成的一种介质，质地松软，呈酸性或微酸性，有很丰富的有机质，很难分解，保肥和保水能力较强。

**园土**

园土是经过改良、施肥以及精耕细作后的菜园、花园土壤。已经去除杂草根、碎石子、虫卵，经过打碎、过筛，呈微酸性。

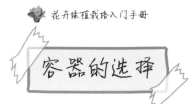
# 容器的选择

容器是花卉绿植的承载物,容器的材质、颜色、大小、尺寸等都与花卉息息相关,所以为花卉绿植选择一款漂亮实用的容器也很重要。

**陶质容器**

　　色泽质朴、不华丽的素烧陶,能够烘托出多肉植物的丰盈圆润、色泽艳丽,是很称职的配角。

**玻璃容器**

　　透过玻璃制成的器皿,可以仔细地观察多肉植物的生长以及变化的姿态,拥有多变的观赏乐趣。

**瓷质容器**

　　由瓷土烧制而成。外形精良雅致,沉稳厚实,价格较贵。透气性与渗水性差,也容易损坏。

**紫砂容器**

　　又叫宜兴盆,由天然紫砂烧制而成。其外观高雅大方,价格昂贵,透气性与渗水性能良好,但容易损坏。

**木质容器**

　　木材制造的各类景盆,有着本质朴素的底蕴,既有传统感又有现代气息。

**塑料容器**

　　普遍使用的盆栽容器。它质地轻巧、造型美观、价格便宜。但是透气性、渗水性较差,使用寿命短。

## 必不可少的小工具

有了这些小工具，会让你的日常作业更加便捷。

**保鲜膜**

一般可在播种繁殖中使用，起到覆盖保湿的作用。

**手套**

种植多肉时带上手套更干净、卫生。配土时还可以把板结的植料捏碎，喷药时避免药物接触皮肤。

**剪刀**

一种用来修剪幼苗、枝条以及根部的工具。

**洒水壶**

用来给植物浇水的工具，主要适用于中大型的盆栽或者是大面积的浇水。

**喷壶**

另一种浇水工具，可以把水喷洒到叶片上，还可以清除叶片上的灰尘和土屑，喷洒在空气中可以保湿降温。

**小铲子**

主要用于填土、混土、挖取植物和移植等工作。

# 花卉植物常见病症原因揭秘

心爱的植物出现疑难杂症怎么办，别怕，我来告诉你原因。

在栽培花卉植物的过程中，即使你再细心，植物也难免会出现这样那样的问题。这个时候，花友们尤其是新手们往往会手足无措，不知道是什么原因导致的，下面就帮大家来答疑解惑。

腐烂的枯叶

1. 叶片卷曲、突然落叶：叶片卷曲多是由于温度低，顶部喷水或吹冷风造成的，也有可能是夏天温度过高导致的。如果叶片没有褪色就突然脱落，往往是由于环境温度突然上升或下降，或受到强冷风的吹袭以及土壤的过度干燥等原因导致的。

2. 叶片萎蔫：叶片萎蔫的原因包括浇水太多、土壤过于干燥、根系腐烂、空气干燥、温度太高、光照太强或根系受到虫害侵袭。

3. 叶片出现斑点：如果是褐色斑点，则可能是缺水造成的。如果是黑褐色斑点且发病处变软，则可能是浇水过冷、光照灼伤或受到化学药品的侵害。

4. 叶片小、叶色淡、茎细长：这种现象如果发生在生长季节，原因可能是缺肥、浇水过多或光照不足；如果发生在冬季或者早春，则可能是光照不足、温度太高或者盆土过于湿润造成的。

5. 植物生长缓慢或不生长：如果是冬季，则不必担心，因为很可能是正常现象；如果出现在夏季，可能是浇水过多、浇水过少或光照不足造成的，还有一种可能就是根系已经满盆。

6. 不开花：植物在应该开花的时期不开花，其主要原因包括光线太弱，每天光照的时间不够，氮肥过多、空气干燥，病虫害或换盆不当。

7. 花朵很快枯萎：最可能的原因是缺水、空气干燥、光线太弱或温度太高。

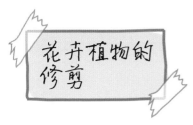

花卉植物的修剪

修剪也是花卉植物养护过程中一项必不可少的作业，它既能改善植物的外形，也有利于植物的健康生长。常用的修剪方法有摘心、剪短、疏剪等。

## 一、摘心

摘心也叫去尖、打顶，是一种常用的修剪方式，是将花卉植株主茎或侧枝的顶梢用手掐去或剪掉，破除植株的顶端优势，促使其下部腋芽的萌发，抑制枝条的徒长，促使植株多分枝，并形成多花头和优美的株形。

## 二、剪短

在枝条基部留数芽而剪去顶端部分。在生理上破坏该枝条顶端优势，刺激侧芽形成侧枝，修剪后可形成丛生紧密性植株。

## 三、疏剪

疏剪就是从枝条基部完全剪去，使养分集中在有用枝条上，并改善通风透光条件，使花卉长得更健壮，花和果实的颜色更艳丽。疏剪包括疏剪枝条、叶片、蕾、花和不定芽等。

花卉的修剪

## 四、修剪的时间和原则

落叶灌木和宿根花卉多在休眠期修剪，常绿植物在早春进行，在当年生枝条上开花的植物，宜在春季发芽前或上年冬季落叶后重剪。修剪时要掌握"分布均匀，疏密有致"的原则，交叉枝，过密枝，徒长枝，以及病、枯、伤、弱枝，应一并剪除。

第二章

花卉绿植
的摆放与功效

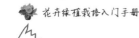

巧用阳台，打造专属花园

用花卉植物来布置阳台，是非常不错的主意。

　　如今城市中的楼房越建越高，阳台种花也成了很多人的选择，下面就为大家来介绍一下如何利用家里的阳台来打造专属于你的植物花园。

## 一、阳台种花的好处

　　在阳台上种上一些花卉植物，可以让你在辛劳之余，走上阳台，既能欣赏红花绿叶，也能眺望远处的风景，令人心旷神怡，身心放松。其次，栽培花卉需要进行繁殖、移栽、换盆、修剪、浇水、施肥等一系列的工作，而在阳台上种植则会更方便你的操作。此外，一些攀援性的植物或者需要搭棚设架的植物也适合摆放在阳台上。

## 二、阳台的光照环境及适合摆放的植物

　　根据家中阳台朝向的不同，其光照环境也不同，因此适合摆放的植物种类也就不同，下面就逐一介绍。

　　1.南阳台：朝南的阳台一般光照充足且光照强烈，是栽植花卉植物的首选。一年中，冬至时期的光照范围最广，日照的时间也长；夏至的光照范围最短，但光照强度大；春秋季节的光照介于两者之间。虽然其优势明显，但南向的阳台空气干燥，夏季温度较高，因此在花卉植物的选择上应尽量挑选一些喜光、耐旱、耐高温的种类，如石榴、夜来香、茉莉、桂花、仙人掌类、月季、菊花、米兰、半支莲、百日草等。

花卉布置阳台实例1

花卉布置阳台实例2

2. 北阳台：朝北的阳台一般光照条件较差，且冬季寒冷，但散射光较强，适合文竹、棕竹、龟背竹、橡皮树等喜阴或耐半阴的植物，在春夏季节摆放。等到秋季天气转凉后，需要将植物移入室内进行养护。北阳台夏季温度不高，对怕热的植物可以放在北阳台越夏。

3. 东阳台：朝东阳台的光照特点是上午阳光充足，下午较为荫蔽，每天大约有4~5小时的光照时间，适合摆放君子兰、茶花、杜鹃、蟹爪兰等稍耐阴的植物。

4. 西阳台：朝西的阳台与东阳台相反，早上无阳光直射，下午开始有阳光，但西阳台的光照强度较大，可以考虑种植一些攀援性的植物，从而创造一个稍阴凉的环境。

5. 此外，西北阳台和东北阳台的光照环境和北阳台类似，西南阳台和东南阳台的光照环境和南阳台类似。

## 三、阳台的布置

在阳台上除了简单地摆放花卉植物外，还可以进行一些布置来搭配这些美丽的花草们，营造出一个平和舒适的环境让你亲近大自然。例如在阳台上摆一张舒适的躺椅，再铺上一层柔软的地毯，或用橘色砖墙作为阳台的墙面，创造淡淡的怀旧感觉。有条件的还可以在阳台上搭一个小秋千椅。这些都是很好的选择。

花卉布置阳台实例3

不宜摆放在卧室的植物

卧室是我们睡觉休息的地方，摆放花卉植物时一定要小心谨慎。

很多人喜欢将花卉植物摆放在卧室内观赏，的确，这样能增加卧室的美感，使人心情舒畅，有的植物还能起到帮助睡眠的作用，然而并不是所有的植物都适合摆放在卧室中的，下面这些植物放在卧室中不仅没有好处，还可能对人体产生不良的影响。

1. 月季：月季花有着浓郁的香味，平时在开阔的环境中闻一下并无大碍，但在狭小的卧室环境中，长时间吸入这种香气，会使一些人产生胸闷不适，造成憋气与呼吸困难。

2. 夹竹桃：夹竹桃会分泌出一种乳白色液体，如果人体长时间接触到，就会产生昏昏欲睡、智力下降等中毒的症状。尤其需要注意的是，孕妇千万不能接触夹竹桃，否则会引起胎音异常。

月季不宜摆放在卧室中

3. 含羞草、郁金香：这两种植物摆放在卧室中，时间长了，会加快人体毛发的脱落，导致脱发。

4. 百合、兰花：这两种植物摆放在卧室中，如果室内的通风状况不是很好的话，植物所散发出的香味会刺激人的神经系统，令人过度兴奋，极容易导致失眠。

5. 夜来香：如果家中有心脏病或高血压患者，他们的卧室内一定不能摆放夜来香，因为植物在夜晚会散发出大量刺激嗅觉的微粒，长时间吸入，会使患者感到头晕目眩、郁闷不适，甚至导致病情加重。

6. 松树、柏木：这两种植物散发的芳香气味对人体的肠胃有刺激作用，不仅影响食欲，还可能使孕妇感到心烦意乱、恶心呕吐。

7. 万年青：如果家中有儿童，卧室内最好不要摆放万年青，因为其汁液含有哑棒酶，对人体是十分不利的。如小孩误服会引发声带发肿，甚至致哑。

植物功效大起底

花卉植物除了有观赏价值外，还有很多神奇的功效。

## 一、吸收有害气体，净化空气

现代科技的不断发展，给人们的生活带来了很多积极的改变，但也伴随着一些问题，就是工业污染或汽车尾气等因素造成的空气质量的下降，因此城市规划中，植物也起着不可或缺的作用。而在家庭栽培中，花卉植物同样也能起到吸收有害气体、净化空气的作用。

例如新装修的房屋中都会带有很多的有害气体，如苯、甲醛、三氯乙烯、硫化氢、氟化氢、乙苯酚、乙醚等。这些有害气体如果让其慢慢散发，需要等待很久，而借助植物的力量就会快得多了，因为很多植物能够吸收空气中的有害气体。这类植物的代表有：芦荟、绿萝、常春藤、吊兰、散尾葵等。

此外，雾霾也是如今最大的空气质量问题，如果在环境中摆放一些植物，则能够很好地阻隔或抵挡雾霾，达到净化空气的效果。例如吊兰、栀子花、玫瑰、菊花、兰花、米兰、一叶兰等，都是居家摆放的好选择。

绿萝是很好的空气净化器

## 二、驱赶蚊虫，帮助睡眠

现在社会压力大，由于各种原因导致失眠的人越来越多，而一些植物则可以起到帮助睡眠的功效。薰衣草不仅作为观赏性花卉一直深受世人的欢迎，其香气更能使人身心放松，有安神、提高睡眠质量的神奇作用。有条件的还可以利用薰衣草来制作一些薰香薰灯，但需要比较好的原料，如果掺杂着有害物质，反而会影响身体健康。

此外，夏季蚊虫的滋扰，也会直接影响学习和工作的效率以及睡眠状态，但如果在身边放一些特殊的植物，会帮你有效地驱逐蚊虫。例如猪笼草，它是典型的食虫植物，其叶片顶端挂着一个长圆形的"捕虫瓶"，就是捕杀蚊虫的一大利器，有了猪笼草在身边，你再也不用担心蚊虫会来找你的麻烦。天竺葵也是驱蚊虫的好手，与猪笼草不同，它的武器是自身的特殊气味，这种气味能使蚊蝇闻味而逃。

## 三、食用价值，增进食欲

花卉绿植不仅可以观赏、净化空气和帮助睡眠，一些植物还可以直接或间接地成为食物，有的滋味好，有的则具有保健功效。

例如，金橘、石榴等植物的果实都可以直接食用；栀子花可以作为炒菜时的配料；桂花更是一种天然的药材，具有健胃、化痰、生津、散痰、平肝等作用；此外，用金盏菊来泡茶也能起到分解脂肪、养肝明目、发汗、利尿、清湿热等功效。

除了食用价值外，花卉植物还能促进人的食欲，这主要是通过植物的美观与香味等，使人达到身心愉悦，从而达到增加食欲的效果。在餐桌上摆放一些有十足美感的植物，比如合欢花，其具有的独特香味及美态，绝对是餐厅摆放植物的不二之选，其淡淡的幽香会让进餐的你和你的家人增添气氛并刺激食欲。

栀子花能抵挡雾霾

薰衣草能帮助睡眠

金盏菊能泡茶

第三章

向着太阳
生长的花卉绿植

菊花

菊科菊属

菊花为菊科菊属多年生草本植物，植株茎直立生长，有些会分枝，有些则不会分枝，茎上有细小的茸毛。叶片呈卵形或披针形，叶缘有粗大钝齿。菊花品种繁多，形态和花色也是各式各样。

**温度** 喜欢凉爽的气候，怕高温，生长适温为 18~25℃。

**光照** 菊花为短日照植物，喜阳光，忌荫蔽。

**施肥** 10~15 天施用一次稀薄饼肥水。

**浇水** 春季浇水宜少，夏季植株蒸发快，浇水要充足，并应不时向空气和地面喷雾，增加湿度，降低温度。秋季是菊花生长旺季，可以充足浇水，冬季植株越冬，要控制水量。

**盆土** 盆土适合选择深厚、肥沃、排水良好的疏松沙质土壤。

**繁殖** 菊花的繁殖可用分株或扦插法。

小野菊

紫菊

皇帝菊

## 迎春花
### 木樨科素馨属

迎春花为木樨科素馨属多年生落叶灌木植物。植株直立或匍匐生长，枝条细长下垂，叶片较小，与植株颜色差别不大，为卵形、长卵形、椭圆形或狭椭圆形，花朵直接生于枝条之上，花朵较小，呈高脚杯状。

✎ **温度** 喜温暖，稍耐寒，生长适温为15~25℃。

☼ **光照** 喜光，可以充分享受阳光的照射，可摆放阳台向阳处。

✍ **施肥** 生长期每15天施一次粪肥。

✍ **浇水** 盆栽迎春花浇水以保持湿润、偏干为主，不干不浇，可5~7天浇一次水。

气候干燥时可以喷水增加空气的湿度，但要防止盆中积水。

▱ **盆土** 对土壤要求不严，在微酸、中性、微碱性土壤中都能生长。

▱ **繁殖** 迎春花的繁殖可用扦插法、分株法或压条法。

**九里香**

芸香科九里香属

九里香为芸香科九里香属常绿灌木或小乔木。枝条白灰或淡黄灰色，叶片倒卵形或倒卵状椭圆形，花瓣为长椭圆形。

✏ **温度** 九里香喜温暖，生长适温为20~32℃。

☀ **光照** 九里香是阳性树种，宜置于阳光充足的地方，才能叶茂花香。

🪶 **施肥** 生长期时，可以施麸饼或复合肥，每月一次。

👌 **浇水** 掌握"不干不浇，浇则浇透"的原则。夏季高温期早晚各浇一次水；春秋季每天或隔日浇一次水；冬季可数日浇一次水。

🪣 **盆土** 九里香在湿润、疏松肥沃、排水良好的土壤中会生长更好。盆土可用泥炭土、腐叶土和沙等比例混合配制。

🌱 **繁殖** 九里香可采用播种或扦插的方法繁殖。

天竺葵

牻牛儿苗科天竺葵属

天竺葵为牻牛儿苗科天竺葵属多年生草本植物。植物分枝较多，全株有细小茸毛和腺毛。叶片呈圆形似心形，叶缘为波浪状。

**温度** 生长适温为 10~25℃，能耐 0℃ 的低温。

**光照** 生长期需要充足的光照，冬季要放在向阳处养护，光照不足很容易徒长。

**施肥** 生长期每月施肥一次。

**浇水** 宜干不宜湿，浇水使盆土稍湿润即可，冬季不需要多浇水，一般一周一次即可。

**盆土** 适合在沙质土壤中生存，可将泥炭土与珍珠岩按 7:3 的比例混合配制盆土。

**繁殖** 天竺葵可选择在春秋季进行扦插繁殖。

不同颜色的天竺葵

# 大丽花
## 菊科大丽花属

大丽花为菊科大丽花属多年生草本植物，茎直立生长，有很多分枝。叶片对生，叶缘有粗钝的锯齿。花瓣呈舌状，边缘卷起。

**温度** 喜凉爽的环境，生长适温为15~25℃。

**光照** 大丽花为喜光花卉，每日光照要求在6小时以上，夏天忌烈日直晒。

**施肥** 春、秋两季每月施一次稀释饼肥水。

**浇水** 浇水采取"见干就浇，浇则浇透"的方式给水，花期应该始终保持盆内土壤湿润。

**盆土** 栽培基质可用营养土、粗沙等的混合土壤加入些许骨粉配制。

**繁殖** 大丽花可在春、秋、冬三季进行扦插繁殖。

**木棉**

木棉科木棉属

木棉为木棉科木棉属多年生落叶乔木。植株的枝茎从地面直立向上生长，枝干粗壮，树形优美，侧枝叶片呈现长卵形，叶片为绿色。

**温度**　喜温暖，不耐寒，生长适温为20~30℃。

**光照**　喜欢阳光充足的环境。

**施肥**　栽植时盆土中拌入腐熟的有机肥。夏季薄肥勤施，开花后停止施肥。

**浇水**　幼苗期保持土壤湿润，花期需要一定的湿度。成年植株耐旱力强，冬季落叶期应保持盆土稍干燥。

**盆土**　栽培木棉的盆土以深厚、肥沃、排水良好的中性或微酸性沙质土壤为宜。

**繁殖**　木棉可用播种法或扦插法繁殖。

# 茶花

山茶科山茶属

茶花为山茶科山茶属多年生常绿灌木或乔木。植株枝条丛生直立生长，外表呈褐色或灰色，叶片互生呈卵圆形，叶片为浓绿色，花朵顶生或者腋生，呈聚伞状花序，花色有红、粉、白等颜色，十分美观。

**温度** 喜温暖的环境，生长适温为 20~30℃。

**光照** 茶花为喜光花卉，生长期要给予充足的光照。

**施肥** 茶花忌施浓肥，春季萌芽后，每 17 天施一次薄肥水。

**浇水** 春秋季，每天浇水一次，浇水量以保持盆土湿润为度；夏季，需每天早晚各浇一次，因夏天炎热，水分蒸发过快。盆土浇透为好；冬季，每 3~5 天浇一次，忌积水。

**盆土** 茶花的盆土可采用红土、腐叶土、沙和煤渣，按 5:2:2:1 的比例混合均匀配制，并加入少量基肥。

**繁殖** 茶花可进行扦插繁殖或采用嫁接繁殖。

不同品种的茶花

## 羽扇豆
### 蝶形花科羽扇豆属

羽扇豆又有鲁冰花的别名，一年生草本植物，可高达70厘米。茎基部分枝，掌状复叶，小叶披针形至倒披针形。总状花序顶生，其花梗细长，花色艳丽多姿，有白色、红色、蓝色和紫色等多种变化，一般在3~5月开花，花期长，所以常用于花坛中配植。

**温度** 喜凉爽，较耐寒，生长适温为10~15℃，冬季能忍受 0℃的低温。

**光照** 喜阳光充足的环境。

**施肥** 生长季通常要两周施用一次稀薄肥水，切忌喷洒肥料，避免引起肥害。

**浇水** 较耐旱，生长期需充足的水分，忌积水。

**盆土** 盆土宜使用肥沃、排水良好的沙质土壤。

**繁殖** 可在春季进行播种繁殖。

# 勋章菊

菊科勋章菊属

勋章菊又称勋章花、非洲太阳花，多年生宿根草本植物，株高20~30厘米，茎较短，叶丛生，叶线状披针形。其花朵颜色艳丽、花纹多样，花期在4~6月间，有一些品种则一年四季都能开花。

**温度** 勋章菊耐高温，生长适温为13~20℃。

**光照** 需有充足的阳光。

**施肥** 生长期每半个月要施肥一次。

**浇水** 勋章菊对水分比较敏感，茎叶生长期需土壤湿润，梅雨季如土壤水分过多，植株容易受涝导致死亡。

**盆土** 盆栽土壤可用培养土、腐叶土和粗沙的混合土，并加少量基肥。

**繁殖** 勋章菊的繁殖可采用播种法或扦插法。

**番红花**
鸢尾科石莲花属

番红花是常绿灌木植物，株高1~3米，植株丛生，叶基生，呈长线形，叶缘稍翻卷。花单生于上部叶腋间，常下垂。花被6片，有特异芳香。花瓣倒卵形，先端圆。花色艳丽，常见的有蓝紫、深红色、白色、紫色条纹等。

**温度** 喜冷凉环境，较耐寒，生长适温为10~18℃，冬季能忍受0℃的低温。

**光照** 属于强阳性植物，性喜温暖。需要充足的日光。

**施肥** 番红花栽种前施足基肥。展叶后，每20天左右施一次稀释的有机肥或浓度为1%的氮磷钾复合肥。

**浇水** 生长期浇水要充足，不能缺水，忌积水。通常每天浇水一次，伏天可早晚各一次。地面经常洒水，以增湿降温。

**盆土** 盆土可以选择排水良好、腐殖质丰富的沙壤土，pH宜为5.5~6.5。

**繁殖** 可用播种或分球法繁殖。

**紫薇**

千屈菜科紫薇属

紫薇为千屈菜科紫薇属落叶灌木或小乔木植物，树皮平滑，灰色或灰褐色，枝干多扭曲，小枝纤细，叶互生或对生，椭圆形。

**温度** 喜温暖，生长适温为18~30℃。

**光照** 全日照花卉，夏季需适当遮阴。适宜摆放阳台通风处。

**施肥** 紫薇喜肥，盆栽每年都要翻盆换土，并施用基肥，施肥以"薄肥勤施"为原则。

**浇水** 春冬两季应保持盆土湿润，夏秋季节每天早晚要浇水一次，干旱高温时每天可适当增加浇水次数。

**盆土** 盆土以深厚、肥沃、排水良好的沙质土壤为宜。

**繁殖** 紫薇常用繁殖方法为播种和扦插两种，其中扦插方法更好。

月季

蔷薇科蔷薇属

月季为蔷薇科蔷薇属多年生常绿直立或丛生灌木或藤木。植株枝茎平行直立生，叶片在茎干左右互生，呈卵圆形。花序为伞房花序，花瓣色泽鲜艳，有粉红色、紫红色、黄色、蓝色等。

**温度** 生长适温白天为 15~25℃，夜间为 10~15℃。

**光照** 月季为喜光花卉，宜摆放阳台向阳处。

**施肥** 开花期应每隔 10 天追施一次薄肥，11 月停止追肥。

**浇水** 在月季的生长期内，特别是夏季可以每天浇水，白天不时喷雾，保持空气湿度，其余时间 2~3 天浇水一次即可。

**盆土** 盆土可采用腐叶土、蛭石和珍珠岩按 5:1:1 的比例混合均匀。

**繁殖** 月季的繁殖可以采用扦插或嫁接。

不同颜色的月季

# 百日菊

## 菊科百日菊属

百日菊是菊科百日菊属一年生草本植物，又名百日草、对叶菊等。茎直立，叶卵形或椭圆形。百日菊是著名的观赏花卉，其花瓣有单瓣、重瓣，花色也各不相同，其花期在6~9月。

**温度** 喜温暖，生长适温为 15~25℃。

**光照** 喜阳光充足环境。

**施肥** 夏季可施氮肥和有机液肥，施2~3次后改用复合肥，盛夏季节宜施用薄肥；秋季生长期，容易徒长，应减少施肥次数。

**浇水** 春秋季 2~3 天浇水一次，保持土壤湿润；夏季天气干燥，每天浇水一次，并时常向空气中喷水，保持土壤湿润；冬季减少浇水，保持盆土稍湿润即可。

**盆土** 盆土适合用肥沃、疏松、排水性良好的沙质土壤。

**繁殖** 百日菊可进行扦插繁殖。

# 鸡冠花

## 苋科青葙属

鸡冠花又名老来红、笔鸡冠、凤尾鸡冠、大鸡公花等，为苋科青葙属一年草本植物，夏秋季开花，鸡冠花因其红色花序呈扁平状，呈鸡冠状，故称鸡冠花。

**温度** 生长适温为 15~25℃，冬季不低于 5℃。

**光照** 鸡冠花喜阳光、温暖干燥环境，每天的光照为 4~12 小时。

**施肥** 花蕾期应每隔 10 天施一次稀薄的复合液肥。

**浇水** 在盆土见干后将盆土浇湿即可，不可以过湿，以免影响生长。

**盆土** 栽培基质可用营养土、粗沙按 2:1 的比例混合，并加入些许骨粉。

**繁殖** 鸡冠花一般采用扦插繁殖。

长寿花

景天科伽蓝菜属

长寿花是景天科伽蓝菜属多年生肉质草本。植株茎直立生长，叶片肉质呈椭圆状长圆形，深绿且有光泽，叶缘略带红色。锥状聚伞花序，花色有红、黄、白等，深浅不一。

✎ **温度** 生长适温为 15~25℃。

☼ **光照** 喜欢阳光充足的环境，每天光照不少于 8 小时。

✿ **施肥** 在春、秋生长旺季和开花后进行，花期每 10 天施一次速效的磷酸二氢钾。

✍ **浇水** 春季，浇水量不宜过多，保持盆土偏干；夏秋季，每 3 天浇一次水，盆土以湿润偏干为好；冬季，减少浇水，以免烂根。

▽ **盆土** 家庭可用腐叶土与园土等量混合后，再加入十分之一的沙做培养土。

🎁 **繁殖** 长寿花可选择枝插或叶插的方法繁殖。

不同颜色的长寿花

## 罗汉松
### 罗汉松科罗汉松属

罗汉松为多年生常绿乔木。植株茎直立生长，全株表面分布有密刺。革质叶片呈披针形，叶面颜色为浓绿色。罗汉松清雅挺拔，有一股雄浑苍劲的傲人气势，用来装饰家中，别有一番风格。

不宜积水。夏季晴天时一般要在早晚各浇一次水，另外还要经常喷叶面水。

**温度**　喜温暖，生长适温为 18~25℃。

**光照**　罗汉松喜光，平时可以将植株放在阳光下养护，夏季高温的时候需要将花移到遮阴处养护。

**施肥**　生长期可 1~2 个月施肥一次，可结合浇水同时进行。

**浇水**　罗汉松耐阴湿，生长期要注意经常浇水，但

**盆土**　罗汉松喜排水良好湿润之沙质壤土，但对土壤适应性强，盐碱土中也能生存。

**繁殖**　罗汉松可进行播种繁殖，也可以采用扦插繁殖。

# 沙漠玫瑰

夹竹桃科天宝花属

沙漠玫瑰又名天宝花。其花冠呈漏斗状，外面有短柔毛，伞形花序，花朵三五成丛，灿烂似锦，花边缘红色至粉红色，中间色浅。原产东非至阿拉伯半岛南部。

**温度** 忌寒冷，生长适温为 25~30℃。

**光照** 沙漠玫瑰喜阳光充足的环境，耐酷暑，需要充足的阳光。

**施肥** 夏季生长旺盛期则需要肥水充足，生长期每月施 1~2 次稀薄液肥；冬季停止施肥。

**浇水** 早春和晚秋气温较低，应节制浇水；冬季少量浇水。

**盆土** 沙漠玫瑰喜富含钙质、疏松透气、排水性良好的沙质土壤。

**繁殖** 沙漠玫瑰可用半成熟枝扦插繁殖。

美人蕉

美人蕉科美人蕉属

美人蕉为美人蕉科美人蕉属多年生草本植物。植株叶片呈椭圆状披针形，叶色丰富，主要为绿色。总状花序，花单生或对生，花冠大，花色较为丰富，花期3~12月，花期长，所以多作为城市花坛的装饰花卉。

**温度** 生长适温为 15~30℃，越冬温度不宜低于 5℃。

**光照** 美人蕉为全日照植物，生长期要求光照充足，每天不能少于 5 个小时的直射阳光，光照不足，会使花期延迟。

**施肥** 生育期可以多施肥。

**浇水** 生长期的植株需要常常浇水保持土壤湿润，但不可以过湿。休眠前要渐渐减少浇水量，休眠时要少浇水或者不浇水。

**盆土** 盆栽可以选择用园土、腐叶土和沙子以 6:3:1 作为盆土，再加入适量的腐熟麸饼和少量的骨粉作为土壤基肥。

**繁殖** 美人蕉可以采用播种或块茎的方法繁殖。

不同花色的美人蕉

## 三色堇
### 堇菜科堇菜属

三色堇是堇菜科堇菜属草本植物。叶片近似心形，边缘具齿。花梗长，花瓣有5枚，花朵通常每花有紫、白、黄三色，故名三色堇。三色堇一般露天栽种，花坛、庭院可以大规模种植，小盆栽放在阳台观赏也行。

**温度** 喜温暖，生长适温为18~28℃。

**光照** 全日照植物，光照对三色堇开花有决定性影响。盆栽三色堇宜摆放在阳台。

**施肥** 三色堇喜肥，生长期追施腐熟的稀释豆饼肥水，开花期施用含磷钾的液肥。

**浇水** 浇水要掌握"见干见湿"的原则。生长期保证盆土湿润偏干，忌积水、过湿。冬季减少浇水量，可一个月浇一次水。

**盆土** 盆土适合用肥沃、疏松、排水性良好的沙质土壤。

**繁殖** 三色堇可进行扦插繁殖。

## 大花蕙兰

兰科兰属

大花蕙兰是兰科兰属多年生常绿附生草本植物，又名喜姆比兰、蝉兰。其根粗壮，叶长碧绿，花姿粗犷、豪放。中国的大花蕙兰栽培品种主要来自于日本和韩国，其花期长达2~3个月，是非常具有代表性的观赏花卉。

**温度** 生长适温为 10~25℃。夜间温度 10℃左右比较好。

**光照** 耐光植物，喜强光，但夏季需要进行适度的遮阴。

**施肥** 喜肥，4~7月可施以 6:4 比例混合的豆饼和骨粉，每月施一次；9~10月可每月施用两次磷、钾液肥；冬季不需要施肥。

**浇水** 水质宜为中性或微酸性，自来水不能直接用来浇大花蕙兰，需贮放 1~2 天待氯气挥发后再用，贮水池或水缸可放在花盆附近，使水温近似大花蕙兰所需水温。

**盆土** 栽培基质可用肥沃、疏松、排水性良好的沙质土壤。

**繁殖** 大花蕙兰一般采用扦插繁殖。

桃花

蔷薇科桃属

桃花为蔷薇科桃属多年生落叶小乔木。植株的枝干一般倾斜生长，枝干表皮光滑，革质叶片为长圆形，一般花瓣数量为4~6片，花色有红色、白色、粉红色等，十分美观。

🖊 **温度** 喜温暖，生长适温为 18~28℃ 。

☼ **光照** 喜欢阳光充足的环境，可以接受阳光直射。

🖋 **施肥** 生长初期一般不用施肥，进入生长旺期后，一般是秋后、花前施一次复合肥，花蕾期追施磷钾肥。

🖐 **浇水** 桃花浇水要在盆土干燥时进行，一次浇透，阴雨天注意防止积水。

▽ **盆土** 桃花喜欢疏松、肥沃、排水性良好的土壤，幼苗宜包被泥土后再栽植。

🌱 **繁殖** 桃花的繁殖可选择芽接或播种。

不同花色的桃花

# 黄蝉

## 夹竹桃科黄蝉属

黄蝉是常绿灌木植物，直立灌木，有乳汁，枝条为灰白色。叶片多为椭圆形，花冠漏斗状，花朵为金黄色，在花朵喉部有橙红色条纹，多为五瓣形，花期5~6月。

**温度** 生长适温为18~30℃，在35℃以上也可正常生长，冬季休眠期适温为12~15℃，不能低于10℃。

**光照** 喜光照充足的环境。

**施肥** 生长期，每10天左右施一次稀肥。

**浇水** 生长期可充分浇水，空气干燥时要向植株喷水，休眠期需控制水量。

**盆土** 盆栽可以选择用园土、腐叶土和沙子以6:3:1作为盆土，再加入适量的腐熟麸饼和少量的骨粉作为土壤基肥。

**繁殖** 黄蝉可以采用播种或扦插的方法繁殖。

夹竹桃

夹竹桃科夹竹桃属

夹竹桃为常绿直立大灌木植物，高达5米，枝条灰绿色，聚伞花序顶生，花冠为深红色或粉红色，花朵单瓣，漏斗形，一年四季均开花，夏季最为茂盛。夹竹桃能抗烟雾、灰尘，起到净化空气的作用，但是其植株本身具有强毒，所以不能轻易触碰。

**温度** 喜温暖，生长适温为20~25℃。

**光照** 全日照花卉，夏季需适当遮阴。适宜摆放阳台通风处。

**施肥** 夹竹桃喜肥水，盆栽除施足基肥外，在生长期，每月应追施一次肥料。

**浇水** 春秋，每天浇一次；夏季每天早晚各浇一次；冬季少浇水。

**盆土** 盆土以肥沃、疏松、排水良好的沙质土壤为宜。

**繁殖** 以扦插繁殖为主，也可分株和压条。

# 腊梅

腊梅科腊梅属

腊梅是腊梅科腊梅属落叶灌木，又名黄梅、黄金茶。常丛生，叶片对生，花长于枝条叶腋中。腊梅的特点在于能在冰天雪地里傲然开放，花黄似腊，浓香扑鼻。

**浇水** 春秋两季浇水不宜过多，保持土壤偏干，土壤不干不要浇水；夏季应勤浇水，保持土壤在半湿润状态下。

**盆土** 可采用红土、腐叶土、沙和煤渣按5:2:2:1的比例混合均匀，并加入少量基肥。

**温度** 生长适温为15~25℃，冬季能忍受0℃左右的低温。

**光照** 全日光照植物，需充足的阳光。

**施肥** 生腊梅喜肥，春季施两次展叶肥；夏季勤施薄肥；秋末施一次干肥，入冬前后再施1~2次有机液肥；冬季停肥。

**繁殖** 腊梅可进行扦插繁殖或采用嫁接繁殖。

# 锦葵

### 锦葵科锦葵属

锦葵又称荆葵、钱葵、淑气花等，多年生宿根草本植物，株高50~90厘米。茎直立多分枝，叶肾形，具锯齿。花簇生于叶腋，花冠粉红色、蓝色等，花期6~10月。果实扁圆形，种子黄褐色，果期8~11月。

**浇水** 需适量浇水，盆土应偏干忌湿，防烂根。

**盆土** 适应性强，在各种土壤上均能生长，其中沙质土壤最适宜。

**繁殖** 播种法繁殖为主，也可分株。

**温度** 喜温暖，不耐寒，生长适温为18~25℃。

**光照** 喜阳光充足的环境。

**施肥** 锦葵开花次数比较多，需要足够的营养。5月起进入生长期，施入氮磷结合的肥料1~2次，6月起陆续开花一直到10月，每月应追施以磷为主的肥料1~2次，使花连开不断。

## 睡莲

睡莲科睡莲属

睡莲为睡莲科睡莲属多年生浮叶型水生草本植物。植株根状茎肥厚，叶片多为圆形、椭圆形或卵形。花单生，浮于水面，花瓣一般有八瓣，花期在5~8月。

**温度** 喜温暖，不耐寒，生长适温为20~30℃。

**光照** 喜欢阳光充足的环境。

**施肥** 睡莲在庭院水池栽植时，可以将肥料和泥土混合，捏成泥球均匀地放入水池周围，肥料不宜加入过多。

**浇水** 睡莲一般栽植在水缸中或池塘中，生长初期水位尽量浅，以不让叶片暴露到空气中为宜。

**盆土** 睡莲的栽植方式可以选择池塘、庭院水池、大型水缸内栽植。

**繁殖** 睡莲可以采取盆播或温室温床播种的方式繁殖。

# 荷花

莲科莲属

荷花又名莲花、水芙蓉等，为莲科莲属多年生水生草本植物。植株根茎生于水中，圆形叶片较大，叶片为深绿色，花开于水面之上，有芳香气味，花色有红色、粉红色、白色、紫色等。

**温度** 生长适温为 15~30℃。

**光照** 荷花非常喜光，不耐阴，生长期需要全光照的环境。

**施肥** 在大缸或小盆栽植的荷花应该根据荷花的长势施加腐熟麸饼或禽畜类干粪作为基肥，补充生长所需养料。

**浇水** 荷花是水生植物，生长期内时刻都离不开水。生长前期，水位要控制在3 厘米左右，水太深不利于植物的生长。

**盆土** 植株体形较大的荷花可以直接在池塘中栽植，或者栽植在庭院水池中，体形偏小的荷花可以栽植在大缸。

**繁殖** 荷花种子不休眠，因此播种的繁殖方式比较常用。

# 桂花

木犀科木犀属

桂花为木犀科木犀属多年生常绿乔木或灌木。植株茎直立，很少有分枝，叶片为长圆形革质，叶片为绿色，花朵黄白色、淡黄色、黄色或橘红色，并散发出淡雅的气味，花期9~10月。

**温度** 喜温暖，既耐高温，也较耐寒，生长适温为20~25℃。

**光照** 喜阳光，在全光照环境下枝叶生长茂盛，开花繁密。

**施肥** 春季可施用一次氮肥，夏季施用一次磷、钾肥；入冬前施一次越冬有机肥。

**浇水** 见干则浇，一次浇透，不能使土壤过湿，保持稍稍湿润即可，阴雨天注意防止积水。

**盆土** 盆土可将腐叶土、园土和沙按2:2:3的比例混合均匀，并加入少量腐熟的饼肥。

**繁殖** 桂花可选择扦插或播种繁殖。

合欢花

豆科合欢属

合欢花为豆科合欢属多年生落叶乔木。植株的树皮呈灰褐色，枝上带有棱角，披针形叶片较小，复叶互生，叶片白天张开，夜间合拢。花萼、花冠外均披短柔毛，花色一般为粉红色，并带有淡淡的香气。

**温度** 生长适温为 13~18℃，冬季能耐 -10℃ 低温。

**光照** 喜阳光充足的环境，耐阴性不是很强。

**施肥** 生长期需肥不多，施稀液肥 2~3 次即可，肥料不宜过多，以叶片生长健壮即可。其他时间少施肥或不施肥。

**浇水** 春秋季，每 5~7 天浇一次水，保持土壤湿润。夏季，每 3~5 天浇一次水，防止积水。冬天少浇水。

**盆土** 合欢花对土壤要求不严，适宜栽植在排水良好、土质疏松的沙质壤土中。

**繁殖** 合欢花可在春季进行播种繁殖。

**勿忘我**

紫草科勿忘草属

勿忘我为紫草科勿忘草属多年生草本植物。株高20~35厘米，叶互生，呈狭长披针形或倒披针形。总状花序，无苞片，花冠蓝色，5裂，近圆形，旋转状排列，花朵中央有一圈黄色心蕊，花期春夏。

**浇水** 勿忘我喜干燥，耐旱，忌水涝。整个生长期要适当控制浇水量。雨季注意排水。

**温度** 喜凉爽，生长适温为 15~23℃ 。

**光照** 须在充足的日光照射下方能正常生长，每天 4 小时以上的光照。

**盆土** 适合种植在肥沃、疏松、排水性良好的沙质土壤中。

**施肥** 生长期中施肥，其中氮、钾等 70% 作为基肥施用，30% 用作追肥，磷肥全部作基肥施用，追肥一般一季一次。

**繁殖** 用播种、分株或扦插法繁殖。

非洲菊
菊科大丁草属

非洲菊为菊科大丁草属多年生常绿草本植物。植株的根茎比较粗短，全株长有细小茸毛。叶片从基部生长，呈长圆状匙形。非洲菊是现代切花中重要材料，常用于制作花篮。

植株越冬可以半个月浇一次。

🪴 **盆土** 盆土可以选择用园土、腐叶土和沙子以 7:2:1 的比例混合，并加入适量的腐熟麸饼和少量的骨粉作为基肥。

🌱 **繁殖** 非洲菊的繁殖可用分株法或播种法。

🖊 **温度** 属半耐寒的花卉，喜欢冬暖夏凉的环境，生长适温为 15~20℃。

☼ **光照** 非洲菊为喜光花卉。

🌸 **施肥** 生长期每半个月施一次腐熟的饼肥。

💧 **浇水** 生长期充分浇水，夏季 3~4 天浇一次，冬季

美女樱

马鞭草科马鞭草属

美女樱为马鞭草科马鞭草属多年生草本植物。植株茎匍匐丛生呈四棱状，全株披有灰色的茸毛。叶片呈长圆形披针状，叶缘有锯齿。花朵呈伞房状，花色有白色、红色、紫色、蓝色、粉红色等，花期在5~11月，常做花坛材料。

**温度** 喜温暖，生长适温为 18~25℃ 。

**光照** 喜光照，不耐阴。

**浇水** 适量浇水，浇水过多或过少都会影响美女樱的生长，始终保持土壤的湿润。

**施肥** 生长期时，可以施麸饼或复合肥，每月一次。

**盆土** 美女樱可以地栽，可以盆栽，有些品种具有匍匐茎，可以种植在花廊和吊篮中。盆土宜选择湿润、疏松肥沃、排水良好的土壤。

**繁殖** 美女樱的繁殖可采用播种法或扦插法。

不同花色的美女樱

# 荷包花

## 玄参科蒲包花属

荷包花为玄参科蒲包花属多年生草本植物。植株高约30厘米，全株长有细小的茸毛，叶片呈卵形，花形好像人张开的嘴巴。

🖊 **温度** 荷包花既怕冷，又怕热，生长适温在 15℃左右。

☀ **光照** 植物需要长日照，在花芽孕育期间，要求的日照可以长达 18 小时。

🌱 **施肥** 生长期施肥可用低氮尿素加磷酸二氢钾以 1：1 的比例调制，花期的时候用 1：2 的比例调制喷洒。

💧 **浇水** 生长期浇水可以一次浇透，等到土壤快干透时再浇第二次。

🪴 **盆土** 盆土可用园土、腐叶土、沙以 4:4:2 的比例进行混合调配。

🎁 **繁殖** 荷包花的繁殖可采用播种法或扦插法。

**彩叶草**
唇形科鞘蕊花属

彩叶草为唇形科鞘蕊花属多年生草本植物。植株的茎为四棱形，全株披有茸毛。卵圆形的叶片单叶对生，先端较长并逐渐变尖。

🖊 **温度** 喜温暖，不耐低温，生长适温为 18~25℃，冬天时应该移入温室，并保持温度在 12℃以上。

☀ **光照** 喜光照充足的环境，除了夏季高温、育苗期以及移栽后的缓苗期需要适当的遮阴外，其余时间应该给予充足的阳光照射。

◇ **施肥** 生长初期可以不施肥，生长旺期每月施一次复合肥。

💧 **浇水** 适量浇水，不可过度，夏季每天浇 1~2 次，平时可以 2~3 天浇一次。

🪴 **盆土** 栽培彩叶草时，要求土壤疏松肥沃，一般使用园土即可。

🪴 **繁殖** 彩叶草种子不休眠，因此播种的繁殖方式比较常用。

**垂丝海棠**

蔷薇科苹果属

垂丝海棠是蔷薇科苹果属落叶小乔木植物，嫩枝、嫩叶均带紫红色，伞房花序，花呈红色，下垂。花期3~4月，果期9~10月。广泛分布于中国浙江、安徽、云南等地。

**温度**　喜温暖，不耐寒，生长适温为20~25℃。

**光照**　喜阳光，不耐阴，适合放于阳光充足、背风的地方。

**施肥**　施肥不宜多，少量多施。生长期每个月要施一次腐熟豆饼水，花蕾期追施速效磷肥，秋季落叶后停止施肥。

**浇水**　浇水需适量，忌水涝，盆栽防止水渍，以免烂根。

**盆土**　盆土可用肥沃、疏松、排水性良好的沙质土壤。

**繁殖**　垂丝海棠可选择扦插繁殖。

## 大岩桐

苦苣苔科大岩桐属

大岩桐为苦苣苔科大岩桐属多年生草本植物。植株具有扁圆的块茎，叶片在植株基部呈十字对生，叶子为卵圆形。花色各异，有蓝、红、白、紫等颜色，也有双色品种，在每年春秋两次开花。

**温度** 喜冷凉的气候，忌燥热，生长适温白天为 15~18℃，夜间 10℃ 左右。

**光照** 喜光照充足的环境。

**施肥** 定植成功后每半个月施一次麸饼水或者复合肥。

**浇水** 夏季等到盆土干了才浇水；秋天控制浇水量，进入休眠期之后可以少浇水甚至停止浇水；冬季应保持干燥。

**盆土** 盆土的配制可以用园土、腐叶土、沙以 3:4:3 混合配制，并加入少量的腐熟麸饼作为基肥。

**繁殖** 大岩桐的繁殖选择播种、芽插、叶插均可。

紫罗兰

十字花科紫罗兰属

紫罗兰原产地中海沿岸。中国南部地区广泛栽培，欧洲名花之一。全株密被灰白色具柄的分枝柔毛。茎直立，多分枝，基部稍木质化。叶片长圆形至倒披针形或匙形。

✎ **温度** 喜凉爽，忌燥热，生长适温为白天 15~18℃，夜间 10℃左右。

☼ **光照** 喜光照，不耐阴。

✎ **施肥** 施肥不宜过多，否则对开花不利。可每隔 10 天施一次腐熟液肥，见花后立即停止施肥。

✍ **浇水** 忌积水，播种时将盆土浇足水，播后不宜直接浇水，若土壤变干发白，可用喷壶喷洒。

▭ **盆土** 适合种植在肥沃、疏松、排水性良好的沙质土壤中。

✍ **繁殖** 紫罗兰的繁殖以播种为主。

紫罗兰栽培品种　　　　　　　叶被有绒毛

金橘

芸香科金橘属

金橘为芸香科金橘属多年生常绿灌木或小乔木。植株枝干繁多，叶片互生呈倒椭圆形，白花带有芳香，卵圆形的果实呈金黄色。

**温度** 喜温暖，生长适温为 15~28℃，冬季可以短暂地忍耐 0℃ 的低温。

**光照** 喜光照充足的环境。

**施肥** 生长期前期每月施肥 1~2 次，进入花期后增施磷钾肥，在花芽分化的时期注意控制肥水，以促进花芽分化。

**浇水** 浇水要勤浇，始终保持盆土在湿润的状态。夏天要注意防止暴雨天气使盆栽积水。

**盆土** 盆土适合选择深厚、肥沃、排水良好的疏松沙质土壤。

**繁殖** 金橘的繁殖可用嫁接或扦插法。

松树

松科松属

松树树冠多为宽塔形或伞形，轮状分枝。树皮红褐色，呈鳞状块片分裂。叶细柔，微扭曲，两面有气孔线，边缘有细锯齿。世界上的松树种类将近80余种，不仅种类多，而且分布广。

🌡 **温度** 生长适温为 15~25℃。

☀ **光照** 大多数松树品种喜光，需保证充足的阳光。

🍃 **施肥** 春季适当施 1~2 次稀薄饼肥水，秋季停止施肥。成型的盆景则不宜多施肥。

💧 **浇水** 耐阴湿，生长期要经常浇水，但不宜渍水。夏季要常喷叶面水，使叶色鲜绿，生长良好。

🗄 **盆土** 较耐贫瘠土壤，但在疏松肥沃土壤上为宜。湿润地区的松树大多适宜酸性土壤。

🪴 **繁殖** 繁殖主要采用种子育苗或者用枝条进行扦插。

# 金钱榕

桑科榕属

金钱榕又称"圆叶橡皮树"或"印度胶树",树皮光滑,有白色乳汁。叶片宽大,椭圆形,深绿色,有光泽。

宜,必须保持相对高的空气湿度,可采用喷雾的方法。

**温度** 生长适温为 18~25℃。

**光照** 喜充足光照,可以全年接受直射光。冬天放在阳面窗户下最好。

**施肥** 生长期每半个月施肥一次,以氮肥为主。

**浇水** 盆内表土不干不浇,浇则浇透,以有水渗出为

**盆土** 盆土可用肥沃、疏松、排水性良好的沙质土壤。

**繁殖** 金钱榕可用扦插法繁殖。

# 瓜叶菊

## 菊科瓜叶菊属

瓜叶菊为多年生草本植物。植株粗壮的茎直立生长，全株长有细小茸毛。三角状的叶片较大，叶缘有波浪状的钝齿。花序密集覆盖于枝顶，花色丰富，除黄色其他颜色均有，花期1~4月。

**温度** 喜温暖，生长适温为15℃左右。冬季寒冷天气注意防寒，将植株移入室内，保持温度在5℃以上。

**光照** 平时可以将植株放在阳光下养护，夏季高温时遮阴。

**施肥** 喜肥，定植前可以每个星期施一次复合肥，定植后生长期每两个星期施麸饼水或者复合肥，孕蕾期可以追施磷钾肥。

**浇水** 浇水可以根据盆土的干湿情况而定，盆土快干时浇水，2~3天一次。

**盆土** 盆土可以选择用园土、腐叶土以及沙以5:2:3的比例混合。

**繁殖** 瓜叶菊的繁殖以播种和扦插为主。

马蹄莲

天南星科马蹄莲属

马蹄莲为多年生的草本植物，植株具有肥大的肉茎。叶片从基部生长，具有很长的叶柄。花朵为漏斗状，花色有白色、黄色、红色、黑色等，花期一般在5月，如果4月种植会在6月下旬开花、8月种植10月底开花、9~10月种植翌年1~2月开花、11月种植翌年4~5月开花。

🖊 **温度** 喜温暖，不耐寒，生长适温为 15~25℃。

☀ **光照** 喜阳光充足的环境。

💧 **浇水** 马蹄莲如果浇水太少，叶柄就会因失去水分容易折断，而浇水太多根系又容易腐烂。

🌸 **施肥** 除栽植前施基肥外，生长期内，每隔 20 天左右追施一次液肥。

🪴 **盆土** 盆土可以选择用园土、腐叶土、沙以 4:4:2 的比例混合，也可以使用园土、泥炭土、堆肥土、沙以 4:3:2:1 的比例来混合。

🎁 **繁殖** 马蹄莲的繁殖可以用分球法或分株法。

不同花色的马蹄莲

扶桑

锦葵科木槿属

扶桑为多年生常绿灌木，又名朱槿、佛槿、中国蔷薇。其盆栽的植株矮小，茎直立生长，叶片呈卵圆形或披针形，伞房状花序，花色多为红色，所以在中国岭南一带成为大红花，花期在全年。

**温度** 喜温暖，不耐寒，生长适温为15~25℃。

**光照** 喜阳光充足的环境，不耐阴。

**施肥** 生长期每10天左右施稀薄液肥一次即可，冬季进入休眠期可停止施肥。

**浇水** 扶桑的浇水只要保持土壤湿润即可，在雨水多的季节注意防涝。

**盆土** 盆土可以选择用园土、腐叶土、沙以4:4:2的比例混合，配制后应在土壤中加入腐熟的麸饼作为基肥。

**繁殖** 扶桑的繁殖可用扦插或嫁接法。

不同花形、花色的扶桑

**芍药**

毛茛科芍药属

芍药为多年生草本植物，株高50~110厘米，茎直立丛生，叶片为羽状复叶，正面呈现深绿色，背面颜色多为粉绿色。花一般为2~3朵多簇生，花色丰富，主要以白，红为主。

✎ **温度** 芍药较耐寒，生长适温为15~25℃。

☼ **光照** 喜光照，若光照时间不足，植物通常只长叶不开花或开花异常。

◇ **施肥** 芍药喜肥，在定植成活后可施足肥，在花蕾形成期、开花前期可补施磷钾肥，促进生长。

💧 **浇水** 芍药抗旱能力强，每次浇水不宜太多，只要让土壤湿润即可，阴雨天注意防雨。

▭ **盆土** 芍药栽植盆土可将园土、腐叶土和沙按照4:3:3的比例混合。

🪴 **繁殖** 芍药可在9~10月进行分株繁殖。

# 铁树

苏铁科苏铁属

铁树又名凤尾蕉、避火蕉、凤尾松等，为多年生常绿木本植物，也是现存于地球上最古老的种子植物。植株只有根、茎、叶和种子，没有花，多在南方栽种。

2~5天浇水一次。冬天浇水间隙需更长些，盆土以偏干些为好。

🌡 **温度** 生长适温为15~25℃。

☀ **光照** 喜欢阳光充足的环境，每天光照不少于8小时。

🪶 **施肥** 生长期每个月可施1~2次施复合肥或尿素。

💧 **浇水** 夏季早晚各浇水一次，并喷洒叶面。入秋后可

📦 **盆土** 培养土宜用腐叶土、园土、骨粉和沙按4:3:1:2的比例混合。

🪴 **繁殖** 铁树可用扦插法繁殖。

**蝎尾蕉**

芭蕉科蝎尾蕉属

蝎尾蕉为芭蕉科蝎尾蕉属多年生草本植物，因其花序形状酷似蝎尾而得名。植株叶片呈扁长椭圆形，叶片正面是绿色，背面呈现紫色。蝎尾蕉株形美观，花枝挺拔，非常引人注目。

**浇水** 定植后要及时浇水，生长期浇水保持土壤处于湿润的状态，夏季适当地增加浇水量。

**盆土** 蝎尾蕉栽植的盆土以园土、腐叶土和沙以4:3:3的比例混合，再加入少量基肥。

**繁殖** 蝎尾蕉的繁殖可选择分株法或播种法。

**温度** 喜温暖，生长适温为20~25℃，高于35℃时生长受抑制，越冬温度不低于10℃。

**光照** 喜阳光充足的环境。

**施肥** 生长初期一般不用施肥，进入生长旺期后每30天左右施一次复合肥，花蕾期追施磷钾肥。

# 波斯菊

## 菊科秋英属

波斯菊又名大波斯菊、秋英，为一年生或多年生草本植物。植株靠近茎的基部有不定根，茎无毛或稍被柔毛，革质叶片为淡绿色。花呈舌状，有紫红色、黄色、白色等。

**温度** 生长适温为 15~25℃。对夏季高温不适应，不耐寒。

**光照** 喜阳光充足的环境。

**施肥** 忌土壤过分肥沃。栽种时在盆土中施充足基肥，生长期每个月施肥一次即可。

**浇水** 波斯菊耐干旱，忌积水，浇水要等盆土完全干后再浇，并一次浇透。

**盆土** 盆土可以选择用园土、腐叶土和沙子以 7:2:1 的比例混合作为基质。

**繁殖** 波斯菊的繁殖可采用扦插法或播种法。

# 矮牵牛

## 茄科碧冬茄属

矮牵牛为茄科碧冬茄属多年生的草本植物，全株长有细小黏毛，茎直立或者匍匐生长。叶子互生或者对生，呈卵状披针形。花单生，漏斗状的花有花白色、紫色、红色等，花期在4~12月。

**温度** 喜温暖，耐高温，不耐寒，生长适温为 15~25℃。

**光照** 喜阳光充足的环境。

**施肥** 种植植株前应在土壤中充分埋下基肥，生长期每月交替使用麸饼水和复合肥施肥。

**浇水** 浇水应当适量，防止过干过湿。夏季保持盆土湿润而不积水，雷雨天气应及时给地栽植株排水防涝。

**盆土** 盆土宜使用排水良好、无病害、pH 在 5.5~6.3 的土壤为基质。

**繁殖** 矮牵牛的繁殖可选择播种法或扦插法。

**变叶木**

大戟科变叶木属

变叶木又名变色月桂，为大戟科变叶木属多年生常绿灌木植物。植株普遍比较矮小，根状茎直立生长，叶片有卵圆形至椭圆形。叶片颜色艳丽，有绿色、白色、灰色、红色，常用于盆栽栽种装饰家居。

**温度** 喜高温，不耐寒，生长适温为20~30℃。

**光照** 变叶木是喜光植物，光照强度不是很大的时候可以全天接受日照。

**施肥** 施肥可以用粪肥、饼肥和化学复合肥交替使用，15~20天一次。

**浇水** 对于变叶木的浇水，以使土壤湿润而不积水为宜，等到盆土快干时，再浇水加以湿润。

**盆土** 盆土的配制可以用园土、腐叶土、沙以 3:4:3 混合配制。

**繁殖** 变叶木的繁殖可选择压条法或扦插法。

# 龙舌兰

龙舌兰科龙舌兰属

龙舌兰是多年生常绿草本植物，植株呈莲座状，肉质叶有30~40片，呈倒披针形，叶缘有刺。原产地的龙舌兰一般几十年才开花，龙舌兰既可以作为食物，也有工业价值，为人们所用。

✎ **温度** 喜温暖，生长适温为 15~25℃。

☼ **光照** 喜阳光充足的环境，可以接受阳光的直射。

✿ **施肥** 生长季通常要两周施用一次稀薄肥水，切忌喷洒肥料，避免引起肥害。

💧 **浇水** 春秋季，2~3 天浇一次水，盆土湿润即可；夏季，可每天浇一次水，忌积水；冬季，休眠期不宜浇灌过多水分，3~5 天浇一次水。

▭ **盆土** 盆土宜使用肥沃、疏松、排水良好的沙质土壤。

▭ **繁殖** 龙舌兰的繁殖可选择扦插法。

# 发财树
木棉科瓜栗属

发财树又名瓜栗，为木棉科瓜栗属多年生常绿乔木。植株树干可相互缠绕生长，也可直立生长，树冠较松散，幼枝呈栗褐色，叶子呈狭长圆形。

略潮为宜，否则叶尖易枯焦，甚至叶片脱落。

**温度** 发财树有一定的耐寒能力，生长适温为18~25℃。

**光照** 喜欢向阳的环境，生长期给予充足的日照。

**施肥** 发财树长势强健，生长迅速，需要较充足的肥料。上盆长芽后每周喷施一次三要素液肥。

**浇水** 对水分的适应性较强，但冬季盆土要忌湿，以

**盆土** 盆栽配土可用泥炭土、腐叶土和沙等比例混合，并加少量复合肥或鸡屎做基肥。

**繁殖** 发财树的繁殖可采用播种法或扦插法。

千日红

苋科千日红属

千日红为苋科千日红属一年生草本植物。植株茎呈圆形直立生长，成株没有茸毛。叶片呈矩圆状倒卵形，花色绚丽多姿，因为花干后而不凋零，故而得名千日红，其花果期在6~9月。

✎ **温度**　喜温暖，耐干热，不耐寒，生长适温为 20~25℃。

☼ **光照**　千日红喜阳光充足的环境，栽培过程中，应保证植株每天不少于 4 个小时的直射阳光。

✎ **施肥**　生长期前期可以不施肥，生长旺期施麸饼水和复合肥，孕蕾期施磷钾肥，氮肥辅助。

✎ **浇水**　花期时保持盆土始终湿润，夏季需要注意天气变化，及时清理积水。

▽ **盆土**　盆土以疏松肥沃、排水良好的土壤为宜。

▽ **繁殖**　千日红的繁殖可采用播种法或扦插法。

不同花色的千日红

# 康乃馨

## 石竹科石竹属

植株茎直立丛生，基部木质化，全株没有茸毛。叶片呈线状披针形，花一般为单生，有时也会2~3多簇生，花萼呈长筒形，花瓣为扇形，花色有深红、粉红、紫色、白色等。

土壤稍稍湿润即可，阴雨天放在室外的植物要注意防止积水。

**温度** 喜温暖，不耐炎热，可忍受一定程度的低温，生长适温为 10~20℃。

**光照** 喜光照充足的环境。

**施肥** 生长旺期每 2 周施一次肥，冬天一般 2~3 周施一次肥，夏天少施或者不施。

**浇水** 浇水要勤快，但每次浇水量不宜太多，只要让

**盆土** 康乃馨喜欢保肥能力、通气性和排水性能良好的土壤，适宜生长的土壤 pH 在 5.6~6.4 之间。

**繁殖** 康乃馨适合选择在秋季进行播种繁殖。

# 迷迭香
唇形科迷迭香属

迷迭香为多年生灌木。植株的茎及老枝圆柱形，皮层暗灰色，幼枝四棱形，密被白色星状细绒毛。叶常常在枝上丛生，具极短的柄或无柄，花萼卵状钟形，花冠蓝紫色。

**温度** 迷迭香喜温暖，生长适宜温度为 18~28℃。

**光照** 喜光照充足的环境，生长期要给予充足的光照。

**施肥** 生长期每半月追施一次肥料。抽穗开花前应追施以磷为主的肥料。

**浇水** 春秋季浇水，可每 10 天左右一次。夏季生长停滞时，要适当控制水分，切勿让土壤积水，保持土壤湿润即可，但是需要经常向植株及周围环境喷水降温。冬季保持土壤微湿即可。

**盆土** 基质可以用泥炭土与珍珠岩按 7:3 的比例混合。并加入适当的腐熟肥料作为基肥。

**繁殖** 播种、扦插、压条繁殖都可以。

## 满天星

### 石竹科石头花属

满天星为石竹科石头花属多年生矮生草本小灌木，因一株植物上可长出千朵以上的花，就像漫天的星星，故名满天星。植株细小的茎直立生长，对生的叶片窄长呈披针形。圆锥状聚伞花序顶生，花色以白色、粉红为主。

**温度** 忌炎热，耐寒，生长适温为15~25℃。白天温度在25℃左右，夜间温度以10~15℃最佳。

**光照** 喜光照充足的环境。

**施肥** 生长初期一般不用施肥，进入生长旺期后每20~30天施一次复合肥，花蕾期追施磷钾肥。

**浇水** 浇水见干则浇，一次浇透，勿使土壤过湿，保持湿润即可，土壤严禁积水，否则容易导致植株根系腐烂，甚至枯萎。

**盆土** 宜疏松肥沃、排水良好的微碱性沙壤土。

**繁殖** 满天星可用播种或扦插法繁殖。

**梅花**

蔷薇科杏属

梅花为蔷薇科杏属多年生落叶小乔木。植株枝茎较多，表皮颜色比较深。花梗从枝条抽出，开花数量多，花色有白、红、紫等颜色，有很高的观赏价值。梅花与兰、竹、菊并称为"四君子"，还与松、竹并称为"岁寒三友"。

**温度** 喜温暖，耐寒性不强，生长适温为 15~30℃。

**光照** 喜光照，生长期应放在阳光充足处养护。

**施肥** 春季要施 1~2 次肥，以促进新枝叶生长。秋季休眠前要追施磷酸二氢钾肥料。

**浇水** 春季保持盆土干燥；夏末要控制浇水，使盆土偏干；秋季要控制浇水量，秋凉后要减少浇水。

**盆土** 由于南北气候有所差异，梅花在北方的栽植应该选择在春季进行，并剪取一部分枝叶，促进植株生长。南方则在春、秋、冬三季均可进行，定植后设计固定，苗木倾斜。栽植用土可采取腐叶土和沙等比例混合。

**繁殖** 梅花的繁殖可用扦插或嫁接法。

**紫荆**

豆科紫荆属

紫荆为豆科紫荆属多年生常绿乔木植物。互生的革质叶片为椭圆形、圆形或肾形，花瓣为紫红色，中间的花瓣较大，其余四瓣两侧对称排列，紫荆花的香味清香自然。

🗑 **盆土** 盆土可选用泥炭土、腐叶土和沙以 3:3:1 的比例混合，并加入少量的基肥。

🗑 **繁殖** 可在春夏之交进行扦插繁殖。

✏ **温度** 喜温暖，不耐寒，生长适温为 18~25℃。

☼ **光照** 喜阳光充足的环境。

◈ **施肥** 每年花后施一次氮肥，促使长势旺盛，初秋施一次磷钾复合肥。

🗑 **浇水** 夏天及时浇水，并向叶片喷雾，入秋后控制浇水。入冬前浇足防冻水，直到翌年 3 月初再恢复浇水。

# 薄荷

### 唇形科薄荷属

薄荷为唇形科薄荷属多年生草本植物。植株根茎横生于地下，全株气味芳香，叶片椭圆形或卵状披针形，边缘有粗大的牙齿状锯齿，唇形的小花淡紫色，花后结暗紫棕色的小粒果。

**温度** 喜温暖，生长适温为 20~30℃，气温低于 15℃时生长缓慢。

**光照** 薄荷为长日照作物，性喜阳光。日照长，可促进薄荷开花。

**施肥** 出苗时，施以粪水，促使幼苗生长。生长旺盛期，施粪水或碳酸氢铵。

**浇水** 常保持盆土的湿度。春秋天，2~4 天浇一次水，保持土壤湿润；夏季多浇水，但要防止积水；冬天少浇水。

**盆土** 薄荷对土壤的要求不十分严格，除过沙、过黏、酸碱性过强以及低洼排水不良的土壤外，一般土壤均能种植。

**繁殖** 薄荷的繁殖可用分株法。

仙客来

报春花科仙客来属

不同花色的仙客来

仙客来为报春花科仙客来属多年生草本植物。植株有扁圆肉质的茎块，叶片从茎端生长，叶面上有绿色带银白色的斑纹，叶缘具有参差不齐的钝牙。花茎从叶腋抽出，花色有白色、红色、紫色等。

**温度** 仙客来喜温暖，较耐寒，但怕炎热，生长适温为 15~22℃ 。

**光照** 喜光照充足的环境，生长期要给予充足的光照。

**施肥** 生长期可以每个月施两次麸饼水肥，花前增施磷钾肥。

**浇水** 仙客来怕过湿的环境，花期过后减少浇水量，可以 2~3 天浇一次。7 月过后可以停止浇水。

**盆土** 仙客来在富含腐殖质的肥沃沙质壤土中生长最好。

**繁殖** 仙客来可用播种法繁殖。

食虫草

茅膏菜科茅膏菜属

食虫草为茅膏菜科茅膏菜属一年生草本植物。植株无球茎，茎上被短腺毛；线形的叶片互生，叶色淡绿色或红色；扁平的花朵为白色、淡红色至紫红色；蒴果倒卵球形，黑色种子细小，种皮脉纹加厚成蜂房格状。

**温度** 生长适温为 25~30℃，15℃以下植株停止生长，10℃以下叶片边缘受冻。

**光照** 喜阳光充足的环境。

**施肥** 生长季节，使用通用复合肥稀释后喷施在植物的叶面，每月 1~2 次。

**浇水** 生长季节适合采用盆底部供水的方式给水，植株不宜经常喷水，休眠期需干燥些，但不能干透，防止烂根。

**盆土** 盆土可以选择用园土、腐叶土、沙以 4:4:2 的比例混合，配制后应在土壤中加入腐熟的麸饼作为基肥。

**繁殖** 食虫草可采用播种的繁殖方式，播种的温度维持在 15℃以上。

**夜来香**

萝藦科夜来香属

夜来香又名夜香花、夜兰香、夜丁香、千里香，为萝藦科夜来香属多年生藤状灌木植物。对生的叶片呈宽卵形、心形至矩圆状卵形，叶色为绿色。

**温度** 喜温暖，不耐寒，生长适温为20~30℃。

**光照** 喜阳光充足的环境，但在夏季的高温时期，中午应避免烈日暴晒。

**施肥** 生长过程中，应每隔10~15天施一次液肥。

**浇水** 4~5月隔天浇水一次；6~8月每天浇水一次；9~10月隔天浇水一次，分别在早晨和晚上浇，不要在中午浇水。

**盆土** 喜疏松、排水良好的偏酸性土壤，可用腐叶土、泥炭土加泥沙使用。

**繁殖** 可在春季进行扦插繁殖，可以选择在枝条刚刚萌动但还没有发叶之前扦插。

**美洲茶**

鼠李科美洲茶属

美洲茶原产北美，又称新泽西茶，分布于加拿大至美国佛罗里达州。叶广椭圆形，互生或对生，叶片深绿具紫色叶缘，至秋季变红。花色从淡蓝到浓紫都有，而且还有粉色、白色系。花冠聚生成平顶花簇，有芳香，夏末至秋绽放。

**温度** 喜温暖，生长适温为 15~25℃。

**光照** 喜阳光充足的环境。

**施肥** 生长期，每 10 天左右施一次稀肥。

**浇水** 需适量浇水，浇即浇透，空气干燥时要向植株周围喷水。

**盆土** 盆土可用泥炭土、蛭石和沙按 2:1:1 的比例混合，并加入少量基肥。

**繁殖** 美洲茶的繁殖可用扦插法。

令箭荷花

仙人掌科令箭荷花属

令箭荷花为多年生草本植物。植株茎扁平，形状像令箭，花形像莲花，因此得名令箭荷花。令箭荷花的花色品种很多，且花色分外艳丽，在盛夏时节开花时，是点缀装饰阳台、庭院的最佳选择。

**温度** 喜温暖，不耐寒，生长适温为20~25℃。

**光照** 喜欢阳光充足的环境，但夏季怕强光暴晒。

**施肥** 家中有家禽动物的粪尿、淡水鱼内脏等，可以与淘米水一同沤制后做追肥施用，有利于花卉的发育生长、花芽分化。

**浇水** 在花蕾形成期，要勤浇水，保持盆土湿润，促进开花，在开花期，要减少浇水量。

**盆土** 令箭荷花的盆土以园土、腐叶土和沙以 3:5:2 的比例充分混合。

**繁殖** 令箭荷花可选择在春季进行扦插繁殖。

第四章

喜欢阴天
的花卉绿植

蝴蝶兰

兰科蝴蝶兰属

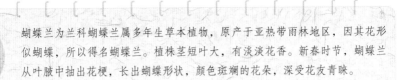

蝴蝶兰为兰科蝴蝶兰属多年生草本植物，原产于亚热带雨林地区，因其花形似蝴蝶，所以得名蝴蝶兰。植株茎短叶大，有淡淡花香。新春时节，蝴蝶兰从叶腋中抽出花梗，长出蝴蝶形状，颜色斑斓的花朵，深受花友青睐。

✎ **温度**　喜高温，生长适温为 18~30℃ 。

☼ **光照**　喜半阴的环境。

✑ **施肥**　根据生长情况追施 1~2 次麸饼肥或复合肥，9~11 月施磷钾肥，其他月份不施肥。

✍ **浇水**　春秋季，每天浇水一次，使盆土稍稍湿润即可；夏季，每天早晚各浇一次水，浇水时要将盆土浸透；冬季，隔周浇水一次，盆土湿润即可

▢ **盆土**　盆土可以选择用蕨根、木炭、沙以 3:3:1 的比例混合，并将适量的腐熟有机肥混入泥土作为基肥。

▢ **繁殖**　分株是蝴蝶兰的主要繁殖方式。

不同颜色、花形的蝴蝶兰

## 君子兰
### 石蒜科君子兰属

君子兰为多年生草本植物。植株根系粗壮稍有肉质，茎有根茎和假鳞茎两部分，叶片深绿色有皮革质感。伞状花序，花冠呈漏斗形，花色多为橙红色。君子兰的花语是高贵，有君子之风，君子兰还是长春市的市花。

**温度** 君子兰既不耐热，也不耐寒，生长适宜温度为18~28℃。

**光照** 喜半阴的环境，害怕强烈的直射阳光。

**施肥** 在春秋生长季每10天左右施一次以氮为主的稀薄肥。

**浇水** 君子兰比较耐干旱，浇水不宜太频繁，但不能严重缺水，一般等到盆土半干时进行浇水，保持盆土稍湿润但不积水就可以了。

**盆土** 君子兰喜欢透气性好、渗水性好、土质肥沃、含腐殖质丰富的微酸性土壤。盆土可以用园土、腐叶土和沙子以3:4:3的比例混合。

**繁殖** 君子兰的繁殖可采用分株法或播种法。

# 网纹草

爵床科网纹草属

网纹草为爵床科网纹草属多年生草本植物。网纹草的匍匐茎贴地生长，茎端生长的叶片呈圆卵形，网纹草花体积较小，花色为黄色。网纹草包括白网纹草、粉天使网纹草等多个品种。

**温度** 网纹草属高温性植物，对温度特别敏感，生长适温为 18~24℃。

**光照** 喜半阴的环境，以散射光最好，忌直射光。

**施肥** 成株可两个月施肥一次。

**浇水** 生长期需较高的空气湿度，特别是夏季高温季节，需浇水增加盆土湿度。

**盆土** 盆土可以选择用园土、腐叶土和沙子以 4:4:2 的比例混合，再加入适量腐熟的麸饼和少量的磷肥作为基肥。

**繁殖** 网纹草的繁殖可采用扦插法或分株法。

# 石斛兰

## 兰科石斛属

石斛兰为兰科石斛属多年生草本附生类植物。植株长棒状的茎直立生长，革质叶片为长圆形，中部叶脉明显。总状花序，花朵先端白紫色，有时全花呈淡紫色。

✏ **温度** 喜温暖，不耐寒，生长适温为 18~30℃。

☼ **光照** 喜半阴的环境。

✎ **施肥** 生长初期一般不施肥，进入生长旺期后每 20~30 天施一次复合肥，花蕾期追施磷钾肥。

✍ **浇水** 浇水见干则浇，一次浇透，勿使土壤过湿，保持湿润即可，阴雨天注意防止积水。

☐ **盆土** 盆土以疏松、透气为主，可用树皮（或蕨根）碎石、水苔以 4:5:1 的比例混合。

☐ **繁殖** 石斛兰以分株繁殖为主，春秋季都可以进行。

# 孔雀竹芋

竹芋科肖竹芋属

孔雀竹芋叶从基部根茎簇生，叶柄较长。叶片呈卵形，有皮革的质感，先端钝圆。叶片背面为紫红色，叶面为淡黄绿色，且主脉两边有互生的斑块，好像孔雀的羽毛。

水一次性浇透，直到盆底排水孔有水流出。

✏ **温度** 喜温暖，生长适温为 12~29℃。

☼ **光照** 喜半阴的环境。

✎ **施肥** 生长期可每半个月浇一次稀薄肥水，成苗后可以 1~2 个月施一次，可喷磷钾肥增加叶色与花色，冬季需停止施肥。

✐ **浇水** 生长期需要浇足水，盆土快干时浇水，每次浇

▽ **盆土** 盆土的选择可以用园土、腐叶土和沙以 4:4:2 的比例混合，或者用泥炭土、腐叶土和沙以 3:5:2 的比例混合。

▽ **繁殖** 孔雀竹芋多采用分株的繁殖方式。

# 常春藤

五加科常春藤属

常春藤的茎灰棕色或黑棕色，光滑，有气生根。单叶互生，叶三角状卵形或戟形，先端长尖或渐尖，基部楔形、宽圆形、心形；叶上表面深绿色，有光泽，下面淡绿色或淡黄绿色。

**温度** 喜温暖，不耐寒，生长适温为 18~25℃。

**光照** 喜半阴的环境。

**施肥** 春季每月要施 2~3 次稀薄的有机液肥；夏季天气炎热时停止施肥；待秋季天气转凉，则恢复施肥；冬季停止施肥。

**浇水** 春季保持盆土湿润；夏季要在阴棚下养护，保持盆土的湿润；秋季，减少浇水次数，土壤保持偏干燥；冬季少量浇水。

**盆土** 选用疏松、通气、排水良好的沙质土作为基质。

**繁殖** 常春藤通常采用扦插繁殖或压条繁殖。

**玉簪**

百合科玉簪属

玉簪为百合科玉簪属多年生草本植物，因其花苞质地如玉，且形似头簪而得名。植株具有粗大的根状茎，叶片呈心形。花苞质地娇莹如玉，花香四溢，花色多为白色。

夏季秋初气温较高，需要时常浇水，保持土壤湿润，并不时喷雾来增加空气湿度，秋末到春初控制浇水，保持盆土微润偏干。

✎ **温度** 喜凉爽，怕高温，生长适温为 10~22℃。

☼ **光照** 玉簪是喜阴植物，适合摆放在室内养护。

✎ **施肥** 生长前期可以每月施偏氮的复合肥，孕蕾期喷洒磷钾肥，以保持花形。

✑ **浇水** 浇水要等盆土完全干燥后再浇，并一次浇透。

▭ **盆土** 盆土可以选择用园土、腐叶土和沙子以 7:2:1 的比例混合作为基质。

🎁 **繁殖** 玉簪繁殖可用分株法或播种法。

# 滴水观音
## 天南星科海芋属

滴水观音有很多俗称，如狼毒、野芋头、大虫芋、天蒙等，为天南星科海芋属多年生常绿草本植物，地下有肉质根茎，叶柄较长，叶片盾状阔箭形，聚生在茎的顶部。

**温度** 喜温暖，生长适温为 20~30℃，最低可耐 8℃ 低温。

**光照** 滴水观音喜欢半阴环境，应放置在既能遮阴又可通风的环境中。

**施肥** 4~10 月份的生长季节，必须追施液体肥料，每周一次。

**浇水** 滴水观音在夏天要多浇水，但在土中不能有积水，否则块茎会腐烂。冬季休眠时要减少浇水，宜保持盆土湿润，可以把根部暴露一点，盆土见干浇水，一次浇透。

**盆土** 盆土可用园土、腐叶土、沙以 5:4:1 比例混合。

**繁殖** 滴水观音的繁殖可采用扦插法。

# 绿巨人
## 天南星科苞叶芋属

绿巨人为多年生常绿草本植物。植株根茎较短，阔大的叶片呈椭圆形，叶缘完整光滑，叶脉清晰明显。绿巨人代表着事业有成、一帆风顺，所以常用于开业、节日庆典等活动的礼仪花卉绿植。

**温度** 喜温暖，生长适温为22~28℃，冬季温度不低于8℃。

**光照** 喜半阴的环境。

**施肥** 生长期每半个月施一次稀薄的肥水，长期在室内养护的可以施复合肥。

**浇水** 生长旺期叶面的水分生发量也就随之加大，所以浇水要充足，保持土壤湿润不积水。夏季需要提高空气湿度，可以不时喷雾或往地面洒水。

**盆土** 盆土以用园土、泥炭土和沙以4:4:2的比例配制，再加入一些腐熟的麸饼和少量的骨粉作为基肥。

**繁殖** 绿巨人可以采用分株的方法繁殖。

# 富贵竹

### 龙舌兰科龙血树属

富贵竹为龙舌兰科龙血树属多年生常绿草本植物。植株茎干直立生长，叶片呈狭长披针形，叶色翠绿有光泽。富贵竹原产于加利群岛和亚洲热带地区，20世纪后才大量引入中国。

✎ **温度** 喜温暖，也较抗寒，生长适温为 20~28℃。

☼ **光照** 喜半阴的环境，光照过强、暴晒会引起植物叶片变黄、褪绿、生长变慢等。

◈ **施肥** 在生长初期可以每月施肥一次，待植株成型以后施肥 1~2 次即可，施肥以磷钾肥为主。

✍ **浇水** 富贵竹可以适当地多浇些，保持土壤在湿润的状态，即便过湿也没关系。

▽ **盆土** 盆土可以用腐叶土、泥炭土和沙等比例混合，并加入少量基肥。

🎁 **繁殖** 扦插是富贵竹的主要繁殖方式。

# 花叶芋

天南星科五彩芋属

花叶芋又名彩叶芋、两色芋，原产南美亚马逊河流域。其基生叶盾状箭形或心形，色彩斑斓，为绿色带白、红等色斑，变种极多。佛焰苞绿色，上部绿白色，呈壳状，肉穗花序。

**温度** 喜高温，不耐寒，生长适温为 20~30℃。

**光照** 喜半阴的环境。

**施肥** 4~8 月为生长旺盛期，可用有机肥料或氮、磷、钾追肥，每月施用一次。

**浇水** 生长期保持土壤湿润，忌干燥或排水不良。夏季注意保持其周围的空气湿润。

**盆土** 花叶芋喜黏质土壤，盆土多以黏质田土、腐叶土、砂以 5:2:3 比例混合配制而成。

**繁殖** 可用分株或分球法进行繁殖。

# 鹤顶兰

## 兰科鹤顶兰属

鹤顶兰为兰科鹤顶兰属多年生草本植物。植株株形高大，每株植株叶片为2~6片，花瓣长圆形，先端稍钝或锐尖，呈管状的唇瓣形状，极具观赏价值。

**温度** 喜温暖，较耐寒，生长适温为18~25℃，冬季不宜低于10℃。

**光照** 喜半阴，春夏秋三季可遮光50%左右，冬季不遮光或少遮光。

**施肥** 在鹤顶兰幼苗期主要施加基肥，开花前要增施复合肥，促进开花。

**浇水** 鹤顶兰喜湿，但是浇水不宜过量，保证盆土湿润即可，开花后应该适当减少浇水量，延长花期。

**盆土** 盆土可用园土、腐叶土、沙以4:3:3的比例混合。

**繁殖** 鹤顶兰的繁殖可选择分株法或播种法。

**八仙花**
虎耳草科八仙花属

八仙花又名绣球、紫阳花，为虎耳草科八仙花属多年生落叶灌木。叶片纸质或近革质，叶色鲜绿，植物的枝条粗壮，呈圆柱形。花朵大且同一株花色能红能蓝，是现代公园、风景区常见的栽培花卉。

**温度** 喜温暖，生长适温为 18~28℃，冬季温度不低于 5℃。

**光照** 喜欢半阴的环境，平时栽培要避开烈日照射。

**施肥** 春季，施 1~2 次以氮肥为主的稀薄液肥；夏季，花前施 1~2 次追肥；秋季，花后施一次肥；冬季，不施肥或施以堆肥。

**浇水** 春秋季节，1~2 天浇一次水；夏季天气炎热，蒸发量大，除浇足水分外，还要每天向叶片喷水；秋季以后，天气渐转凉，逐渐减少浇水量。

**盆土** 盆土可用腐叶土、园土、沙按 4:2:2 的比例混合。

**繁殖** 八仙花的繁殖可用扦插法。

瑞香

瑞香科瑞香属

瑞香为常绿灌木。植株高度为1.5~2米，花朵长约1.5厘米，密集生长成簇状，花黄白色至紫红色。瑞香还有一个变种——金边瑞香，是世界园艺三宝之一，以"色、香、姿、韵"蜚声世界。

**温度** 喜温暖，生长适温为 15~25℃。

**光照** 喜半阴的环境，怕暴晒。

**施肥** 冬季要施足基肥；春季要施 2~3 次腐熟的饼肥水；夏季伏天停止施肥，以免灼伤根系；入秋后要勤施薄肥。

**浇水** 春秋季节，每日浇水一次；夏季高温时宜早晚浇两次水；秋季孕蕾期，要注意盆土不可过干。

**盆土** 瑞香喜欢肥沃疏松、排水良好的沙质壤土，要求 pH 在 6~6.5 之间的微酸性土。

**繁殖** 瑞香的繁殖一般以扦插法为主。

## 含笑

### 木兰科含笑属

含笑又名含笑美、山节子、白兰花、唐黄心树等，为多年生常绿芳香灌木植物。植株茎粗壮，有很多分枝，茎的表面长有茸毛，叶片为长圆状卵形，花朵单生。

**浇水** 含笑浇水采取见干就浇，浇就浇透的方式给水，花期时应该始终保持盆内土壤湿润。

**盆土** 栽植的盆土可用园土、腐叶土、沙以4:4:2的比例进行混合调配。

**繁殖** 含笑可用嫁接繁殖或扦插繁殖。

**温度** 喜温暖，不耐寒，生长适温为15~25℃。

**光照** 在半阴环境下最有利于生长，忌强烈阳光直射。

**施肥** 含笑生长初期一般不用施肥，花期可以施氮肥，并以磷钾肥为辅，地栽植株一般不需要额外施加肥料。

# 倒挂金钟

柳叶菜科倒挂金钟属

倒挂金钟又名灯笼花、吊钟海棠。多年生半灌木植物，茎直立，高50~200厘米，多分枝，幼枝带红色。叶对生，卵形或狭卵形，先端渐尖，边缘具浅齿或齿突，脉常带红色。

**温度** 喜凉爽，怕高温，生长适温为13~18℃。

**光照** 喜半阴，怕强光直射。

**施肥** 生长期间要薄肥勤施。

**浇水** 见干即浇，浇即浇透，忌积水。夏天盆土以偏干些为好，注意叶面与地面的喷水。

**盆土** 盆土可用园土、腐叶土、沙按4:3:3的比例混合。

**繁殖** 倒挂金钟的繁殖可选择扦插法。

**文心兰**

兰科文心兰属

文心兰又名吉祥兰、跳舞兰、舞女兰等，为兰科文心兰属附生类植物。植株鳞茎呈卵圆形，鳞茎顶端生1~2片叶子，叶片呈剑状阔叶披针形。花茎下垂，花朵如蝶，花期在10中旬，可以分为薄叶种、厚叶种和剑叶种。

**温度** 既不耐寒，也不耐热，生长适温为 18~26℃。

**光照** 文心兰是喜阴植物，适合摆放在室内养护。

**施肥** 春夏秋三季可以每月施肥，主要以麸饼和复合肥为主。花期需要谨慎施肥，以免花开太快，减短花期。冬季停止施肥或者少施肥。

**浇水** 生长期充足浇水，但不可以积水，以防根系腐烂；休眠期停止浇水。

**盆土** 盆土可以用园土、苔藓、沙按3:1:1 的比例配制。

**繁殖** 文心兰的繁殖一般采用分株法。

# 袖珍椰子

棕榈科袖珍椰子属

袖珍椰子又名袖珍竹、矮生椰子、矮棕、客厅棕、幸福棕，为棕榈科袖珍椰子属常绿灌木植物。植株普遍比较矮小，茎呈圆形直立生长，叶片呈羽状复叶，叶面为绿色或淡黄色。

✐ **温度** 喜温暖，不耐寒，生长适温为 20~30℃。

☀ **光照** 袖珍椰子喜欢半阴的环境，夏季忌烈日暴晒。

✎ **施肥** 袖珍椰子生长期前期可以每月施肥 1~2 次，生长旺期施麸饼水和复合肥每 1~2 个月一次。

✍ **浇水** 袖珍椰子浇水应注意保持盆土始终湿润，夏季需要注意天气变化，及时清理积水，忌盆土过湿。

▭ **盆土** 袖珍椰子的盆土可以用园土、腐叶土、沙以 5:3:2 的比例混合调制成盆土，并加入腐熟的麸饼作为基肥。

▭ **繁殖** 对于袖珍椰子春季和夏季都可以进行播种繁殖。

**散尾葵**

棕榈科散尾葵属

散尾葵又名黄椰子、紫葵，原产非洲马达加斯加岛，为棕榈科散尾葵属多年生常绿灌木或小乔木植物。植株的枝干一般倾斜丛生，生长枝上的侧枝较少，枝干表皮光滑。

✎ **温度** 喜温暖，耐寒性不强，生长适温为 20~30℃。

☼ **光照** 喜半阴的环境，怕强光，需要注意遮阴。

✐ **施肥** 一般每 1~2 周施一次腐熟液肥或复合肥，夏季适当追施含氮有机肥；冬季可施芝麻酱渣等有机肥。

✐ **浇水** 见干则浇，一次浇透，干燥炎热的季节适当多浇，低温阴雨则控制浇水。夏秋高温期，还要经常保持植株周围有较高的空气湿度，但切忌盆土积水，以免引起烂根。

▱ **盆土** 栽植的盆土选择腐叶土和泥炭土按 1:1 的比例混合，再加入一定量的河沙和基肥。

▱ **繁殖** 繁殖方式一般以分株为主。

# 一叶兰

## 百合科蜘蛛抱蛋属

一叶兰为多年生长常绿宿根性草本植物。植株根状茎近圆柱形，叶片生长在茎的基部，呈矩圆状披针形、披针形或近椭圆形，有时叶面上稍具黄白色斑点或条纹，花单生在短小的花梗上，呈乳黄色至褐紫色。

✎ **温度** 一叶兰喜温暖，较耐寒，生长适温为10~25℃，室温在0℃以上就可以安全越冬。

☼ **光照** 喜半阴的环境。

✎ **施肥** 幼苗种植成活后可以每半个月施一次麸饼与复合肥的混合液。

✎ **浇水** 生长期应充足浇水，保持土壤湿润，夏季至秋季高温时还需要时常配合喷雾；冬季要减少浇水量，使土壤偏干。

☐ **盆土** 盆土可以选择用园土、腐叶土，沙按4:4:2的比例混合，加入适量的麸饼和少量的过磷酸钙作为基肥。

✉ **繁殖** 一叶兰通常采用分株的繁殖方法。

# 观音莲

景天科长生草属

观音莲又名黑叶芋、黑叶观音莲，原产于亚洲热带地区，为多年生草本植物。其地下部分为肉质块茎，容易分蘖形成丛生植株。其叶片为盾形，叶背为紫色，花为佛焰花序。

**温度** 喜温暖，生长适温为 25~30℃，冬季温度不低于 15℃。

**光照** 喜半阴，忌强光暴晒。

**施肥** 生长期可每月施 1~2 次稀薄液肥。

**浇水** 遵照"不干不浇，浇则浇透"原则，避免积水。

**盆土** 盆土以肥沃、排水和透气良好的沙壤土为宜。

**繁殖** 观音莲的繁殖方法主要为分株繁殖。

**铜钱草**

伞形科天胡荽属

铜钱草又名对座草、金钱草，为草本植物。其叶片较小，长0.5~2.5厘米，圆形或盾形掌状浅裂，用手揉之有芹菜香味。铜钱草全株均可入药，具有镇痛、清热、治腹痛等功效。

**温度** 喜温暖，生长适温为22~28℃。

**光照** 喜欢半阴的环境，对日照要求不多。

**施肥** 加一些少量的有机肥料作底肥即可，不需过多施肥。

**浇水** 水需要沉淀了两小时以上的自来水，或者隔天使用，保持栽培土湿润。

**盆土** 盆土可使用由腐叶、河泥、园土按1:4:4的比例混合后使用。

**繁殖** 铜钱草以分株法或扦插法繁殖为主，多在每年3~5月进行。

# 文竹
### 天门冬科天门冬属

文竹又称云片松、刺天冬、云竹，文竹根部稍肉质，茎柔软丛生，细长。茎的分枝极多，近平滑。叶状枝，略具三棱。花白色，有短梗，文竹是攀援植物，高可达几米。

**温度** 喜温暖，耐寒能力较低，生长适温为 15~25℃。

**光照** 文竹比较喜欢半阴的环境，害怕阳光下暴晒。

**施肥** 生长旺盛期可以每个月施 1~2 次腐熟的稀薄肥水，可以以氮、钾为主，冬季停止施肥。

**浇水** 文竹喜欢湿润却又怕涝，浇水时应控制尺度，使盆土微微湿润。冬季要减少浇水量，可以用喷雾代替。

**盆土** 盆土可以选择用园土、腐叶土、沙按 5:4:1 的比例混合，也可以用黄土、腐叶土、沙按 2:6:2 的比例混合。

**繁殖** 文竹的繁殖可以采取分株法或播种法。

杜鹃

杜鹃花科杜鹃花属

杜鹃为杜鹃花科杜鹃花属多年生常绿或落叶灌木植物。植株根据品种不同，有的为根茎，有的为状块茎，但是均有较多的分枝，卵圆形叶片互生，叶正面为浓绿色，叶背淡绿色。

**温度** 既怕酷热也怕严寒，生长适温为 15~25℃。

**光照** 喜半阴的环境，忌烈日暴晒，适宜在光照强度不大的散射光下生长。

**施肥** 春季出房后至花蕾吐花前，每 10 天施一次薄肥，花谢后，在 5~7 月间施肥 5~6 次。

**浇水** 生长期宜两天浇一次水。夏季，每天浇一次水；冬季为休眠期，4~5 天浇一次水。

**盆土** 土壤要求疏松、肥沃，含丰富的腐殖质，以酸性沙质壤土为宜，并且不宜积水。

**繁殖** 杜鹃可采用扦插繁殖或分株繁殖。

不同颜色、花形的杜鹃

# 绿萝

## 天南星科绿萝属

绿萝为多年生常绿攀援性大型藤本植物。植株具有发达的气根，有很强的攀附能力。叶片呈卵状心形，叶面上通常有多数不规则的纯黄色斑块。绿萝四季常绿，长枝披垂，是优良的室内观叶植物。

**温度** 喜高温，生长适温为 20~30℃，越冬温度不宜低于 15℃。

**光照** 绿萝是阴性植物，喜散射光，较耐阴，忌阳光直射。

**施肥** 生长前期可以通过吸收基肥成长，生长旺期可以每半个月施一次花肥。

**浇水** 平时浇水应适度，见土壤干了就一次浇透水。夏季不时地向周围环境喷雾来增加空气湿度；冬季低温时要控制浇水。

**盆土** 盆土可用陶粒、腐叶土、珍珠岩以 5:3:2 的比例混合。

**繁殖** 绿萝适合在 15~25℃的春秋季节进行扦插繁殖。

# 铁线蕨

铁线蕨科铁线蕨属

铁线蕨为多年生常绿草本植物。因其茎细长且颜色如铁，故而得名铁线蕨。其根茎很短，茎的表面有鳞片附生。铁线蕨叶片从底部茎基向上生长。

✎ **温度** 生长适温为 15~20℃，冬季不低于 5℃。

☼ **光照** 铁线蕨为喜阴植物，避免阳光直射使植株叶面灼伤。

✎ **施肥** 生长期可以每个月施一次稀薄的饼肥，生长旺盛期可以每周施用少量的钙肥。

✍ **浇水** 生长期要充足给水，保持盆土湿润，高温干燥天气要常常喷雾，增加空气湿度。

▭ **盆土** 盆土可使用由腐叶、河泥、园土按 1:4:4 的比例混合后使用。

▢ **繁殖** 可在春天取铁线蕨匍匐茎的叉枝种植。

**波叶海桐**

海桐花科海桐花属

波叶海桐是常绿小乔木植物，植株高6米，树皮黑褐色，嫩枝粗壮，干后褐色，老枝粗糙，多皮孔。叶片呈矩圆状倒披针形，叶面深绿色，也被灰绿色。复伞形花序。

✎ **温度** 生长适温为 15~25℃。

☼ **光照** 喜阴植物，无需太多光照。

◇ **施肥** 栽种前需施基肥，之后适量施肥。

✍ **浇水** 喜湿，适量浇水，保持土壤湿润。

▭ **盆土** 盆土可用园土、腐叶土、沙以 4:4:2 的比例进行混合调配。

▯ **繁殖** 波叶海桐可用扦插法繁殖。

## 红掌
### 天南星科花烛属

红掌又名火鹤花，为天南星科花烛属多年生附生常绿草本植物，叶长圆形至披针形，叶片绿色，朵独特，有佛焰花序，色彩丰富，有极大的观赏价值。

✎ **温度** 适宜生长的温度为白天 26~32℃，不能超过 35℃，夜晚的温度不宜低于 14℃。

☀ **光照** 较耐阴，忌阳光直射，但也需要给予植物少量的光照。

◈ **施肥** 春秋季节一般 3 天施一次液肥，夏季两天施一次，冬季 5~7 天施一次。

◉ **浇水** 春秋季，4~5 天浇一次透水；夏季，2~3 天浇水一次，冬季，浇水应在上午 9 时至下午 4 时间进行，以免冻伤根系。

▭ **盆土** 先在底部铺颗粒石，然后加入沙土，最后再填充培养土即可。

▭ **繁殖** 红掌可在换盆时进行分株。

# 蟹爪兰
## 仙人掌科蟹爪兰属

蟹爪兰为附生性小灌木植物。植株因节茎过长呈悬垂状，形状如螃蟹的副爪，故得名蟹爪兰。肥厚的叶片为卵圆形，叶色鲜绿，边缘具有较粗的锯齿。花色有淡紫、黄、红、纯白、粉红、橙色和双色等。

✎ **温度** 喜温暖，但怕炎热，生长适温为 20~25℃。

☼ **光照** 较喜阴，夏季需适度遮阴。

⬡ **施肥** 生长期前期以补充氮肥为主，每月施肥 1~2 次，中期以复合肥为主，孕蕾期追加磷钾肥。

🪣 **浇水** 平时浇水应适度，见土壤干了就一次浇透水。夏季应不时地向周围环境喷雾来增加空气湿度，冬季低温时要控制浇水。

▽ **盆土** 盆土一般用园土、腐叶土（或泥炭土）、沙按 3:2:5 的比例混合，并加入少量的腐熟麸饼或禽畜干粪作为基肥。

🗓 **繁殖** 蟹爪兰的繁殖可用扦插法，一年四季均可，一般在春秋季最为合适。

荨麻

荨麻科荨麻属

荨麻是一种多年生草本植物，有横走的根状茎，高40~100厘米。叶对生，近膜质，宽卵形、五角形或近圆形轮廓，边缘浅裂或深裂。花期在8~10月，果期在9~11月。

✎ **温度** 生长适温为 15~25℃，冬季不低于5℃。

☼ **光照** 喜阴植物，无需太多光照。

✎ **施肥** 栽种前需施基肥，之后适量施肥。

✑ **浇水** 喜湿，适量浇水，保持土壤湿润。

▽ **盆土** 盆土可使用由腐叶土、河沙、园土按1:4:4的比例混合后使用。

✑ **繁殖** 一般春季播种，夏播亦可，其种子细小而坚硬，可撒播，不覆土。

**茉莉**

木樨科素馨属

茉莉为多年生常绿灌木，原产于印度。植株茎直立生长，茎上长有绒毛，茎表面呈翠绿色或深绿色。茉莉的白色花极香，是茉莉花茶的原料，也是香精的原料，其花、叶均可入药。

🖊 **温度** 喜温暖，生长适温为 15~25℃。

☀ **光照** 茉莉在半阴的环境生长最好，夏季一定要遮阴。

🖌 **施肥** 茉莉喜肥，开花期在 5~8 月，需每 2~3 天施一次含磷的液肥。

💧 **浇水** 对于茉莉来说除了在夏季需要适当地增加浇水量以外，其他季节只要保证土壤处于偏湿的状态即可。

🪴 **盆土** 基质可以使用园土、腐叶土、沙等比例混合，或者用泥炭土与珍珠岩按 7:3 的比例混合。

🌱 **繁殖** 茉莉可用扦插或分株法繁殖。

# 龟背竹

天南星科龟背竹属

龟背竹是常绿攀援观叶植物。茎干上着生有褐色的气根，形如电线，故又名"电线草"。叶常年碧绿，幼叶心形无孔，长大后成广卵形，边缘羽状分裂，叶脉间有椭圆形的穿孔，其形状似龟甲图案。肉穗花序，淡黄色，11月开花。

✎ **温度** 生长适温为 20~25℃，低于 5℃易发生冻害，当温度升到 32℃以上时，生长停止。

☀ **光照** 喜半阴的环境，忌强光暴晒。

✎ **施肥** 4~9月，可每 15 天施一次稀薄饼肥水。

💧 **浇水** 龟背竹喜湿润，生长期间需要充足的水分。日常浇水，可每日一次，夏季早、晚各一次，天气干燥时，需要向叶面喷水。

▽ **盆土** 宜生长于肥沃疏松、吸水量大、保水性好的微酸性土壤中，以腐叶土或泥炭土最好。

🪴 **繁殖** 龟背竹繁殖容易，可用扦插和播种方法。

**春羽**

天南星科喜林芋属

春羽为多年生的常绿草本植物，茎粗壮短小，茎上有气根，也从基部簇生。叶片呈心形，稍羽状裂，叶缘波浪状，叶柄较长。实生幼年的春羽叶片较薄，成三角形，随着时间不断生长叶片逐渐变大，羽裂缺愈多且愈深。

**温度** 喜高温，不耐寒，生长适温为20~30℃，冬季室温在5℃以上时可安全越冬。

**光照** 喜半阴的生长环境，怕强光。

**施肥** 植株喜肥，在5~9月的生长旺季里，每月施肥1~2次。

**浇水** 生长期见土壤基质快干时浇水，浇水一次浇透，见盆底有水流出时停止。秋季天气转凉后要少量浇水，每次使土壤湿润即可，冬季至春季保持土壤在偏干状态。

**盆土** 对土壤要求不严，以富含腐殖质排水良好的沙质土壤中生长为佳。

**繁殖** 春羽的繁殖可以采用扦插法或播种法。

**猪笼草**

猪笼草科猪笼草属

猪笼草为多年生草本植物，属于热带食虫植物。植株茎直立攀爬生长，全株长有细小茸毛。叶片中间较宽，基部和顶部逐渐变窄。它拥有一个独特吸食营养的器官，称为捕虫笼，呈圆筒形，下半部膨大，笼口有盖子，形似猪笼。

**温度** 喜温暖的环境，耐寒性较差，生长适温为 15~25℃。

**光照** 在半阴的环境下生长，喜欢明亮的散射光。

**施肥** 生长旺盛期可以施腐熟的麸饼水加少量的复合肥 1~2 次。

**浇水** 生长季节应多浇水，使土壤湿润。夏秋高温干燥天气还要适量喷雾、洒水来增加空气的湿度。冬季控制浇水，使泥土半润偏干。

**盆土** 盆土可以用园土、苔藓、沙按 3:1:1 的比例配制。

**繁殖** 猪笼草可在春夏进行扦插繁殖。

雪花莲

石蒜科雪花莲属

雪花莲又名小雪钟、铃花水仙、待雪草，是多年生草本植物，株高10～30厘米，较为矮小。鳞茎小，球形。叶丛生，线状带形，绿色被白粉。花亭直立，花成白色，钟形。

🖊 **温度** 喜凉爽，生长的适温为15~23℃。

☀ **光照** 性喜半阴环境，忌强光暴晒。

🪴 **施肥** 盆栽前施适量的基肥，开花前施一次磷酸二氢钾即可。

💧 **浇水** 喜湿润，应适量浇水。雨季注意排水，忌积水，防止烂根。

🪟 **盆土** 雪花莲的盆土适合选用肥沃、疏松、排水性良好的沙质土壤。

🪴 **繁殖** 雪花莲的繁殖可用扦插法。

延龄草
百合科延龄草属

延龄草是百合科多年生草本植物，一般生长在海拔1600~3200米树林下、山谷阴湿处。叶棱状圆形或菱形，较宽大。花被片白色，呈淡紫色或紫红色，卵状披针形。

温度 生长适温为 15~25℃，冬季不低于 5℃。

光照 喜阴，勿放置阳光直射处。

施肥 以基肥为主，追肥为辅，有机肥与无机肥混合施用。

浇水 适量浇水，保持土壤湿润。

盆土 盆土可使用由腐叶土、河沙、园土按 1:4:4 的比例混合后配制。

繁殖 可通过扦插法繁殖。

**铃兰**

百合科铃兰属

铃兰又名君影草、风铃草，为多年生草本植物。地下有多分枝而匍匐平展的根状茎，叶椭圆形或卵状披针形，先端近尖，基部楔形。花钟状，下垂生长，入秋后会结暗红色浆果，浆果有毒，花果期在5~7月。

**温度** 喜凉爽，耐寒，生长适温为10~20℃。

**光照** 喜半阴的环境。

**施肥** 生长季每月施两次稀薄饼肥水，花梗抽出后暂停施肥。花谢后施一次液肥。

**浇水** 除了在夏季需要适当地增加浇水量以外，其他季节只要保证土壤处于偏湿的状态即可。

**盆土** 铃兰对土壤要求不太严格。以肥沃疏松中等或中上等肥力、微酸性土壤为宜。

**繁殖** 铃兰可用扦插或分株法繁殖。

**荷包牡丹**

罂粟科荷包牡丹属

荷包牡丹又名兔儿牡丹等，宿根草本植物，株高30~60厘米。地上茎直立，圆柱形，根状茎肉质；叶对生，似牡丹，表面绿色，背面具白粉。总状花序，苞片钻形或线状长圆形，花朵形似荷包，花期4~6月。

**温度**　耐寒而不耐高温，生长适温为10~20℃。

**光照**　喜散射光充足的半阴环境，不宜阳光直射，需适当进行遮阴。

**施肥**　生长期10~15天施一次稀薄的氮磷钾液肥，使其叶茂花繁；花蕾显色后停止施肥，休眠期不施肥。

**浇水**　稍耐旱，怕积水，坚持"不干不浇，见干即浇，浇必浇透，不可积水"的原则。

**盆土**　盆土可以选择用园土、腐叶土、沙以4:4:2的比例混合，配制后应在土壤中加入腐熟的麸饼作为基肥。

**繁殖**　主要用分株和扦插的方法。

## 吊兰

百合科吊兰属

吊兰为多年生草本植物。植株根茎较短，线形的叶在根茎基部丛生，有的叶片中间会有绿色或黄色条纹，花茎从叶中抽出，与叶片一起弯曲下垂，花序为总状花序或圆锥花序，花期5月。

**温度** 喜温暖，不是很耐寒，生长适温为20~25℃。

**光照** 喜半阴的环境。

**施肥** 生长旺盛期可以每月施2~3次腐熟的稀薄液肥，应少施氮肥。

**浇水** 生长期适量浇水，保持盆土湿润，积水容易导致植株枯黄，根系腐烂。冬季要控制浇水，使土壤偏干。

**盆土** 盆土选择用园土、腐叶土、沙子以6:2:2的比例混合，并加入适量的麸饼和少量的骨粉作为基肥。

**繁殖** 吊兰的繁殖可以采用分株法、播种法或扦插法。

**竹蕉**

龙舌兰科龙血树属

竹蕉又名银边巴西铁，是多年生草本植物，原产于亚洲及非洲热带地区。茎干圆直，叶长剑形，微波缘，叶片密集，簇生于茎顶，茎顶新叶呈螺旋状卷曲。

**温度** 喜温暖，生长适温为 15~25℃。

**光照** 喜半阴的环境。

**施肥** 生长旺盛期施肥 1~2 次。

**浇水** 喜水湿，4~8 月生长期要多浇水，夏季高温需经常给叶片喷水。

**盆土** 盆土可以用肥沃、疏松、排水性良好的沙质土壤。

**繁殖** 竹蕉可进行扦插繁殖。

肾蕨

肾蕨科肾蕨属

肾蕨又名圆羊齿、篦子草、凤凰蛋、蜈蚣草、石黄皮等，为肾蕨科肾蕨属多年生的附生或土生草本蕨类。植物有短却直立的根状茎，匍匐茎的短枝上会长出圆形块茎。

✎ **温度** 喜温暖，不耐寒，生长适温为 15~25℃。

☀ **光照** 放在半阴处，避免强光的照射使叶片发黄掉落。

🏷 **施肥** 生长季节每月施 1~2 次肥，可以用稀薄腐熟的麸饼水，其余季节可以不施肥。

💧 **浇水** 生长季节特别是夏天炎热的天气需要给予充足的水分，并时常喷雾，增加空气中的湿度。其他时候保持土壤干燥。

🪴 **盆土** 可以选择用园土、腐叶土、沙以 4:5:1 的比例混合作为盆土。

🎁 **繁殖** 肾蕨通常在春季换盆时进行分株繁殖。

# 黄杨

黄杨科黄杨属

黄杨又名瓜子黄杨、锦熟黄杨等，生长在山谷、溪边，属于灌木或小乔木。其枝干呈圆柱形，有纵棱，叶革质，阔倒卵形至长圆形，花序腋生，花密集生长，花期在每年春季。

🖊 **温度** 生长适温为 18~ 25℃。

☼ **光照** 耐阴喜光，宜放置于半阴处养护。

✎ **施肥** 生长旺季需施氮肥，秋季需施以磷、钾为主的肥。

✍ **浇水** 生长期要大量浇水，夏末后需控制浇水。

▽ **盆土** 盆土可以用肥沃、疏松、排水性良好的沙质土壤。

🪴 **繁殖** 黄杨的繁殖一般采用扦插法。

## 棕竹
### 棕榈科棕竹属

棕竹为棕榈科棕竹属多年生常绿灌木丛生植物。植株茎干丛生直立生长，掌状的叶片密集地生长在茎的顶部，叶表面十分光滑，叶缘黄绿色。肉穗花序顶生，花朵较小但数量较多，花色为淡黄色。

**温度** 喜温暖的环境，生长适温为 10~30℃。

**光照** 棕竹较耐阴，适合放置在明亮的房间内。

**施肥** 棕竹在生长期间每月施 2 ~ 1 次液体肥。

**浇水** 棕竹在 5~9 月生长期要多浇水，保持土壤湿润，宁湿勿干。高温期还应经常用水喷洒叶片和地面，增加空气湿度，秋冬季节适当减少浇水量。

**盆土** 喜欢透气良好、富含营养的土壤。盆土可以选择用园土、腐叶土、沙子以 5:2:3 的比例混合，再加入少量的基肥。

**繁殖** 棕竹可用扦插和播种方法。

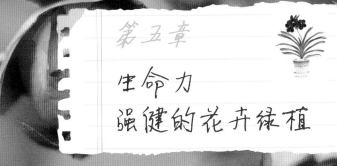

第五章

生命力
强健的花卉绿植

石竹

石竹科石竹属

石竹为石竹科石竹属多年生草本植物，植物茎直立，叶片呈狭长披针形，花单生或簇生，花瓣边缘呈锯齿状，花有红、粉红、紫红、淡紫、白色等，黑色的种子扁圆形，花期为5~6月，果期为7~9月。

**温度** 生长适温为 15~20℃，植物耐寒，不耐酷暑，夏季容易枯萎。

**光照** 生长期要求光照充足，夏季适当遮阴，避免阳光直射。

**施肥** 生长初期一般不用施肥，进入生长旺期后每半个月施一次复合肥，花蕾期追施磷钾肥 1~2 次。

**浇水** 耐干旱，忌水涝，夏季雨水过多时，要注意排水，保持盆土周围湿润，通风良好。

**盆土** 盆栽石竹宜选择肥沃、透气性好的盆土，栽植时要求施足基肥，每盆可以种2~3 株。

**繁殖** 石竹可在春季或秋季进行播种繁殖。

不同颜色、花形的石竹

## 冷水花

### 荨麻科冷水花属

冷水花为荨麻科冷水花属多年生草本植物。具匍匐茎，茎肉质纤细，中部稍膨大，叶柄纤细。叶片卵形，绿白相间的纹案，极为秀雅。夏秋时节开黄白色小花，花被片黄绿色。

**温度** 植株喜温暖，生长适温为15~25℃。

**光照** 冷水花虽然很耐阴，但是更喜欢充足的光照。

**施肥** 成熟的老株可以每2~3个月施肥一次，休眠期时要停止施肥。

**浇水** 生长期见土壤快干时浇足水，保持土壤的湿润。夏季至秋初需要不时地喷雾来增加空气湿度。秋末至初春要控制水量，使土壤半润偏干。

**盆土** 盆土可以选择园土、腐叶土、沙以4:4:2的比例混合配制。

**繁殖** 冷水花的繁殖可采用扦插法或分株法。

## 白兰

木兰科含笑属

白兰为木兰科含笑属多年生常绿乔木植物。植株呈阔伞形树冠，嫩枝和芽密被淡黄白色微柔毛，叶片长椭圆形或披针状椭圆形。花白色，有香味，花期在4~9月。

**温度** 白兰喜温暖，不耐寒，生长适温为15~25℃。

**光照** 生长期要求光照充足，夏季适当遮阴。

**施肥** 生长初期一般不用施肥，进入生长旺期后每半个月施一次复合肥，花蕾期追施磷钾肥1~2次。

**浇水** 生长旺季时应该每天浇一次水，特别是夏季要适当的喷雾保湿，中秋之后要减少浇水，以喷水来代替浇水。冬季土壤应该尽量保持在偏干状态，以免潮湿使根系腐烂。

**盆土** 应选择疏松、透气性强且含腐殖质较丰富的土壤栽培。盆内土壤最好能有一定量的、大小不等的颗粒状土壤，以利渗水透气。

**繁殖** 白兰可用扦插法或压条法繁殖。

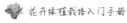

# 金钱树

天南星科雪铁芋属

金钱树为多年生的观叶草本植物，基部具有肥大的块茎。叶子直接从根部长出，呈羽状复叶，相互对生，呈长卵形。叶子顶端较尖，叶缘平整，摸上去有皮革质感且厚实，叶子表面油亮而富有光泽。

最好，生长旺季时应该每天浇一次水，中秋之后要减少浇水。

✎ **温度** 喜温暖，怕寒冷，生长适温为 20~32℃。

☀ **光照** 金钱树喜光却又耐半阴，不耐强光的直射，所以最为理想的环境是一个光照良好却又荫蔽的地方。

✏ **施肥** 金钱树比较喜肥，生长旺季可以每月施麸饼水或复合肥。

✐ **浇水** 金钱树比较耐旱，土壤保持在湿润偏干的环境

▭ **盆土** 可以用园土、腐叶土、沙以 3:4:3 的比例混合调制成盆土，并加入腐熟的麸饼作为基肥。

▭ **繁殖** 金钱树的繁殖可选择分株法或扦插法。

# 白鹤芋
## 天南星科苞叶芋属

白鹤芋为天南星科苞叶芋属多年常绿草本植物。植株叶子呈长椭圆披针形，有细长的叶柄从基部簇生，叶缘呈波浪状，叶脉清晰明显。肉穗一般为黄色。

**温度** 喜高温，不耐寒，生长适温为 22~28℃。

**光照** 对光的要求不太高，有些散光照射，就能满足生长，但是长期缺乏光照会影响开花。

**施肥** 生长期每月施麸饼水或复合肥 1~2 次，有利于植株健壮成长。

**浇水** 生长期常浇水，保持盆土的湿润。夏季高温时需要向地面洒水，天气转凉后可以减少浇水量，使盆土维持湿润偏干的状态。

**盆土** 盆土可以选择用园土、腐叶土、沙以 4:4:2 的比例混合配制。

**繁殖** 白鹤芋的繁殖可采用播种法或分株法。

**一串红**
唇形科鼠尾草属

一串红为亚灌木草本植物，植株叶片呈卵圆形或三角状卵圆形，叶色为绿色。花朵呈萼钟形，花色一般都为红色、蓝色、紫色、白色，其他颜色比较少见。花期较长，在3~10月。

✏ **温度** 一串红的耐寒能力较差，生长适温为20~25℃。

☼ **光照** 喜阳光，也耐半阴。

🌸 **施肥** 定植前需要施一次基肥，现花蕾后要追施磷钾肥。

💧 **浇水** 生长初期不宜多浇水，两天浇一次就可以了。进入生长旺期后可以适当地增加浇水量，使土壤湿润。

▱ **盆土** 一串红栽植时，所选用的介质一定要透气，介质要求pH在5.8~6.2之间，可以用蛇木屑、水苔、腐叶土、石砾等比例混合配制。

⛏ **繁殖** 一串红可以选择扦插繁殖或播种繁殖。

# 南天竹
## 小檗科南天竹属

南天竹为小檗科南天竹属多年生常绿小灌木植物。植株茎丛生直立生长，叶片呈狭长椭圆形，叶色初为黄绿色，后期逐渐变红，圆锥状花序单生，花色一般为白色。

**浇水** 南天竹浇水根据盆土的干湿情况而定，一般1~3天浇水一次。

**盆土** 盆土的配制可以用园土、腐叶土、沙以3:4:3混合配制，并加入少量的腐熟麸饼作为基肥。

**繁殖** 南天竹的繁殖可选择播种法或扦插法。

**温度** 喜温暖，生长适温为15~25℃，温度在8℃以下时停止生长。

**光照** 对光线适应能力较强，在室内养护时，尽量放在有明亮光线的地方。

**施肥** 定植前可以每个星期施一次复合肥，定植后生长期每4周施麸饼水或者复合肥，孕蕾期可以追施磷钾肥。

**鹤望兰**

旅人蕉科鹤望兰属

鹤望兰为旅人蕉科鹤望兰属多年生草本植物，因花冠好似仙鹤，所以取名"鹤望兰"。植株肉质根粗壮，叶片从茎的基部生出，在叶柄两侧对生，呈长椭圆形。花苞横生依次开出5~8朵花，萼片为橙黄色，花瓣为暗蓝色，花期在冬季。

**温度** 喜温暖，怕寒冷，生长适温为25~30℃。

**光照** 夏季高温强光时期需要适当地遮阴避免阳光直射，其余的季节可以给予充足的光照。

**施肥** 生长期可以每月施一次稀薄的麸饼水，花期前后追施磷钾肥可使植株花叶鲜艳。

**浇水** 浇水要见干见湿，春秋季节浇水要充足，夏季多喷雾，秋季减少浇水，冬季要控制浇水，使土壤偏干为好。

**盆土** 可选用园土、腐叶土、沙按6:3:1的比例混合作为盆土，再加入适量的腐熟麸饼和少量的过磷酸钙作为基肥。

**繁殖** 鹤望兰的繁殖可采用分株法或播种法。

# 佛手

芸香科柑橘属

佛手为芸香科柑橘属多年生常绿灌木植物，因植物结的果实形状像佛手一般而得名。植株高为10~50厘米，植株粗壮的茎干直立生长，互生的叶片呈椭圆形。圆锥花序，花色以白色最为常见，每年不止一次开花。

**温度** 喜高温，不耐严寒，生长适温为20~33℃。

**光照** 喜光照，也耐半阴。

**施肥** 生长期时，可以施麸饼或复合肥，每月一次。孕蕾期可施磷钾肥，使得各成分肥料施加平衡。

**浇水** 对于佛手，浇水要勤浇，始终保持盆土在湿润的状态。夏天要注意防止暴雨天气使盆栽积水。

**盆土** 盆土一般用园土、腐叶土、沙以 5:4:1 混合，并加入少量麸饼和磷肥作为基肥。

**繁殖** 佛手的繁殖可选择嫁接、高压或扦插法。

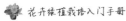

# 龙血树

## 龙舌兰科龙血树属

龙血树为龙舌兰科龙血树属多年生常绿小灌木植物。植株表皮为灰色，革质叶片密集地生长在茎的顶部，宽条形或倒披针形。

✏️ **温度** 喜温暖，不耐寒，生长适温为 20~28℃。

☼ **光照** 龙血树既喜欢阳光充足的环境，也能耐阴。但是，在室内养护时，如果长时间置于过于荫蔽的环境，会导致叶片褪色。

🖌️ **施肥** 在龙血树幼株期可以施一些稀肥，生长旺盛期可以每月交替使用以磷钾肥为主、氮肥为辅的肥料。

💧 **浇水** 对于龙血树可适度浇水，保持盆土在常润状态即可。雨天植株要及时清理积水。

🗄️ **盆土** 盆土可以用园土、腐叶土、沙以 4:4:2 的比例混合调制。

🎁 **繁殖** 龙血树扦插一般在夏季进行。

**朱蕉**

龙舌兰科朱蕉属

朱蕉为龙舌兰科朱蕉属多年生常绿灌木植物。植株枝条狭长，丛生或者单生直立生长，叶片密集的分布于植株顶端部位。

**温度** 喜温暖，不耐寒，生长适温为 20~25℃。

**光照** 朱蕉对光照的适应性强，充足的光照利于植物生长，夏季适当遮阴。

**施肥** 朱蕉生长初期一般每月施肥 2~3 次，进入生长旺期后每月施一次复合肥，花蕾期追施磷钾肥 1~2 次。

**浇水** 朱蕉喜水，水量以始终使盆土保持湿润为宜。

**盆土** 盆土以富含腐殖质和排水良好的酸性土壤为宜，忌用碱土。

**繁殖** 朱蕉的繁殖可以采用扦插法或压条法。

# 黄虾花
## 爵床科虾衣草属

黄虾花为爵床科虾衣草属多年生常绿草本或亚灌木植物。植株茎干很细，分枝较多，卵圆形叶片从基部对生生长，花色基部为白色，花瓣主要为黄色，花期一般在4~6月。

💧 **浇水** 黄虾花生长期充分浇水，夏季每天浇一次，冬季植株越冬可以每个月浇一次。

🌡 **温度** 喜温暖，生长适温为18~25℃，冬季不宜低于5℃。

🪴 **盆土** 盆土可用泥炭土、腐叶土、蛭石、沙以6:2:2:1的比例混合均匀，并加入少量基肥。

☀ **光照** 喜阳光充足的环境，也较耐阴。

🎁 **繁殖** 黄虾花的繁殖可选择扦插法或播种法。

✍ **施肥** 耐贫瘠。生长期每个月施一次腐熟的饼肥，孕蕾期适当施一些磷肥，以供花芽成长需要。

# 米仔兰

楝科米仔兰属

米仔兰为多年生常绿灌木植物。植株枝条基生生长，对生的叶片呈倒卵形至长椭圆形，圆锥花序腋生，黄色的花朵带有非常清香的气味。花期为6~10月，每年可开5次，每次维持一周左右。

**温度** 喜凉爽，怕高温，不耐寒，生长适温为15~25℃。

**光照** 喜欢阳光充足的环境，夏季适当遮阴。

**施肥** 在米仔兰生长期施肥可用氮肥，每半个月施肥一次，花期的时候施加磷钾肥，促进开花结果。

**浇水** 在米仔兰生长期浇水要保证土壤湿度，等到土壤快干时再浇第二次。

**盆土** 米仔兰喜酸性土，盆栽宜选用以腐叶土为主的培养土。盆栽植株注意保湿，地栽的植株栽植时注意株行距。

**繁殖** 米仔兰的繁殖可以采用扦插法或环剥法。

## 马樱丹

马鞭草科马樱丹属

马樱丹又名五色梅、五龙兰、如意草、变色草等，为马鞭草科马樱丹属多年生常绿灌木植物。植株茎直立生长，枝条上长有刺。对生的叶片为圆卵形，叶缘有粗钝的锯齿。

**温度** 喜温暖，不耐严寒，生长适温为 18~30℃。

**光照** 马樱丹为喜光植物，但也稍耐半阴的环境。

**施肥** 初期施肥应施稀肥，每月两次，根据植株的成长可以适当地增加花肥的浓度。开花前期可以以氮肥为主，磷钾肥为辅，促进开花。

**浇水** 对于马樱丹来说在生长初期保证土壤湿度，花期时应该始终保持盆内土壤湿润。

**盆土** 适合种植在疏松肥沃、排水性良好的沙质土壤中。

**繁殖** 马樱丹的繁殖可采用播种法或扦插法。

# 罗勒

唇形科罗勒属

罗勒既可以药用也可以食用，为一年生草本植物，味似茴香。植株的茎多分枝且直立生长，叶呈卵圆形至卵圆状长圆形，总状花序顶生于茎枝上。罗勒稍加修剪也可以盆栽观赏。

**温度** 喜温暖，不耐寒，生长适温为20~28℃。

**光照** 喜欢光照充足的环境，也能稍耐半阴。

**施肥** 生长期需肥不多，施稀液肥2~3次即可，肥料不宜过多，以叶绿生长健壮即可。其他时间少施肥或不施肥。

**浇水** 春秋季，4~6天浇一次水，保持土壤湿润；夏季2~4天浇一次水，防止积水；冬季移入室内，控制浇水。

**盆土** 盆土以排水良好、肥沃的沙质壤土或腐殖质壤土为佳。

**繁殖** 罗勒可在春秋季进行播种繁殖。

**雏菊**

菊科雏菊属

雏菊为菊科雏菊属多年生草本植物，叶片基部簇生，叶子呈汤匙形。头状花序单生，花呈舌状花为条形，常见的有白色、粉色和红色。

干透的时候再浇水，浇水的水量使土壤湿润但不潮湿就可以了，以防积水导致通风不畅，造成根系腐烂。

🖊 **温度** 喜冷凉湿润的气候，不耐热，温度不低于3℃时可以露宿过冬。

☼ **光照** 喜光照，也耐半阴的环境。

🖉 **施肥** 在生长期，每20~30天追加一次复合肥，进入花蕾期后每隔10~15天施磷钾肥2~3次。其他时期可以不用追肥。

🖉 **浇水** 按照"见干见湿"的方式浇水，等到土壤快要

▭ **盆土** 盆土可用园土、腐叶土、沙以4:4:2的比例进行混合调配，再加上一些腐熟有机肥和少量的磷肥作为基肥。

🖔 **繁殖** 雏菊可用播种法繁殖，一般在9~10月进行。

## 小苍兰
### 鸢尾科香雪兰属

小苍兰为鸢尾科香雪兰属多年生草本植物。植株叶片为黄绿色，花茎直立，穗状花序顶生，花瓣宽卵形或卵圆形，花期在春节前后，花色有鲜黄、洁白、橙红、粉红、雪青、紫、大红等。

✎ **温度** 小苍兰喜温暖，但怕高温，生长适温为 15~25℃。

☀ **光照** 喜阳光充足的环境，但不能在强光下生长。

✎ **施肥** 生长初期一般每月施肥 2~3 次，进入生长旺期后每 20~30 天施一次复合肥。

🫗 **浇水** 小苍兰喜欢湿润的环境，在生长初期浇水保持土壤处于湿润的状态，炎热的夏季在傍晚浇一次水，白天可以喷些喷雾。

🪴 **盆土** 可以将园土、腐叶土、沙以 4:3:3 的比例混合作为盆土。

🎁 **繁殖** 小苍兰一般选择在秋季进行分球繁殖。

**百子莲**
石蒜科百子莲属

百子莲为石蒜科百子莲属多年生的草本植物。植株叶片呈线状披针形，伞状花序呈漏斗状，花色有深蓝色和白色等。

✏ **温度** 喜温暖，较耐寒，生长适温为 20~25℃。

☀ **光照** 夏季避免强光长时间直射，冬季需充足阳光。

✎ **施肥** 15~20 天施一次肥，肥料可以用粪肥、饼肥和化学复合肥交替使用，施肥前一天停止浇水。

💧 **浇水** 浇水使土壤湿润，不要潮湿，等到盆土快干时，再浇水加以湿润。

▭ **盆土** 盆土可用园土、腐叶土、沙按 4:4:2 的比例进行混合调配，并加入少量基肥。

🪴 **繁殖** 百子莲的繁殖可选用分株法或播种法。

# 孔雀草

菊科万寿菊属

孔雀草为一年生草本植物。植株茎直立生长，一般在基部会有分枝，叶片呈羽状分裂，叶缘长有锯齿，头状花序顶生，花瓣以金黄色和橙色较多，并带有红色的色斑，花期7~9月。

💧 **浇水** 生长期时应控制盆中土壤常润，夏季雷雨天气要注意防涝，冬天保持土壤在稍润偏干状态。

🪴 **盆土** 孔雀草喜肥沃、疏松、排水良好的沙质土壤。盆土可用泥炭土、腐叶土、沙以4:2:2的比例混合制作。

🖊 **温度** 喜温暖，稍耐寒，生长适温为20~25℃。

☀ **光照** 宜接受充足的光照，夏季高温天气应相对遮阴，以免灼伤叶面。冬季放在光线明亮处。

✍ **施肥** 营养生长期施肥以氮肥为主，每半个月一次。生殖生长期以磷钾肥为主，每月一次。

🪴 **繁殖** 孔雀草的繁殖可采用播种法或扦插法。

百合花

百合科百合属

百合花为百合科百合属多年生草本球根植物，又名山丹、倒仙、重迈、大师傅蒜、夜合花等。株高70~150厘米，有鳞茎，部分百合花的鳞茎中含有淀粉，可食用和药用。其茎干亭亭玉立，叶片青翠娟秀，花大，花色多为白色，花漏斗形，单生于茎顶。

✎ **温度**　生长适宜温度为 12~18℃。

☼ **光照**　喜光照，夏季需适当遮阴。

◈ **施肥**　百合花对氮、钾肥需求量较大，生长期应每隔 10~15 天施一次。

◷ **浇水**　春秋季，2~3 天浇一次水，保持盆土润而不潮；夏季，每天浇一次透水，并向叶面和周围洒水；冬季，严格控制浇水，盆土稍湿润即可。

▽ **盆土**　培养土应选择土壤肥沃、地势高爽、排水良好、土质疏松的沙壤土。

⬚ **繁殖**　百合花常用扦插法繁殖，一般在春季发芽前操作。

不同颜色、花形的百合花

风信子

风信子科风信子属

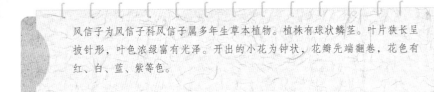

风信子为风信子科风信子属多年生草本植物。植株有球状鳞茎。叶片狭长呈披针形，叶色浓绿富有光泽。开出的小花为钟状，花瓣先端翻卷，花色有红、白、蓝、紫等色。

**温度** 喜凉爽的环境，较耐寒，生长适温为 5~15℃。

**光照** 风信子喜阳光充足的环境，也耐半阴。

**施肥** 风信子无需过多施肥，在开花前后各施 1~2 次稀薄的麸饼水或者复合肥，可以适当地喷洒一些磷钾肥来维持花叶的色泽。

**浇水** 生长期要充足浇水，保持土壤在湿润状态。花期之后要减少浇水量，鳞茎进入休眠期的时候要停止浇水。

**盆土** 盆土可以选择用园土、腐叶土以及沙子以 5:2:3 的比例混合，再加入适量的麸饼和少量的骨粉作为基肥。

**繁殖** 由于风信子是地中海植物，在国内一般不易繁殖，只作为一次性花卉。

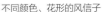

不同颜色、花形的风信子

水培的风信子

**万寿菊**

菊科万寿菊属

万寿菊为菊科万寿菊属一年生草本植物。植株粗壮的茎直立生长，披针形的叶片呈羽状并分裂，叶缘有锐利的锯齿。

**温度** 喜温暖，稍耐寒，生长适温为 20~25℃。

**光照** 万寿菊是喜光植物，光照强度不是很大的时候可以全天接受日照，在炎热的夏天，要将植株搬到半阴处。

**施肥** 定植前可以每个星期施一次复合肥，定植后生长期每两个星期施一次麸饼水或者复合肥。

**浇水** 浇水根据盆土的干湿情况而定，盆土快干时浇水，保持湿润而不积水。

**盆土** 盆土可用园土、腐叶土和以 4:4:2 的比例进行混合调配，并加入少量基肥。

**繁殖** 万寿菊的繁殖可以采用播种法或扦插法。

# 垂筒花

### 石蒜科垂筒花属

垂筒花为多年生草本植物，因其花朵为长喇叭形，并向下低垂，故得名垂筒花。植株一般高20~30厘米，长线形的叶片生于基部，较长的花柄从基部抽出，花色有红、橙黄、白色等。

🖊 **温度** 生长适温为 15~25℃，较耐高温，一般在 8℃以上可安全越冬。

☀ **光照** 喜光照，但忌夏日中午强光，春、秋、冬季可见强光照。

✐ **施肥** 生长期勤施肥，一般每周施肥一次，秋冬季节可减少施肥。

💧 **浇水** 喜水，盆土一般要保持湿润，但是不能有积水，冬季可保持稍干燥。

🪴 **盆土** 喜肥沃、排水良好的沙质土壤，盆土可用泥炭土（或腐叶土）、河沙、有机肥以 6:3:1 的比例混合配制。

🌱 **繁殖** 垂筒花可采用播种繁殖。

# 丁香花

木犀科丁香属

丁香花为木犀科丁香属落叶灌木植物。植株对生叶具有叶柄，花为两性共生，花色多为淡蓝色，并且具有芳香气味。丁香花的主要品种有：什锦丁香、毛丁香、红丁香、西蜀丁香等。

✎ **温度** 喜温暖，稍耐寒，生长适温为15~25℃。

☼ **光照** 喜光照充足的环境，稍耐阴。

✑ **施肥** 冬日施用熟饼肥为基肥。春季萌动后，每半个月施一次肥水。夏季还应适当施肥，秋后少施肥水。

✍ **浇水** 4~6月每月要浇2~3次透水，7月以后要注意排水防涝。11月中旬入冬前要灌足冻水。平时保持盆土湿润偏干，切忌过湿。

▽ **盆土** 盆土选择用园土、腐叶土和沙子以4:2:2的比例混合，并加入适量的麸饼和少量的骨粉作为基肥。

✄ **繁殖** 丁香花可采用分株法繁殖。

**榆叶梅**
蔷薇科桃属

榆叶梅为蔷薇科桃属多年生灌木或小乔木植物。植株的枝条呈紫褐色，叶片宽椭圆形至倒卵形；花单瓣至重瓣，花色主要为紫红色；近球形的核果呈红色。主要品种有蒙古扁桃、长梗扁桃、西康扁桃以及单瓣、重瓣、半重瓣、弯枝、截叶榆叶梅等。

**温度** 生长适温为 10~25℃，植株很耐寒，能忍受 -15℃ 的低温。

**光照** 喜欢阳光充足的环境，也能稍耐半阴。

**施肥** 春夏秋三季是植物的生长旺季，每 3 天左右施一次肥，入冬前再施一些圈肥，以提高地温，增强土壤的通透性。

**浇水** 榆叶梅喜湿润环境，也较耐干旱。浇水时注意浇足浇透，不可过湿，注意及时排水。

**盆土** 对土壤要求不严，以中性至微碱性而肥沃土壤为佳。盆上的配制可以用园土、腐叶土、沙以 3:4:3 比例混合配制，并加入少量的腐熟麸饼作为基肥。

**繁殖** 榆叶梅的繁殖可用扦插法。

# 玫瑰

蔷薇科蔷薇属

玫瑰为蔷薇科蔷薇属多年生落叶灌木植物。植株枝杆有较多的针刺，羽状复叶有5~9片，叶片呈椭圆形，表面皱纹较多，背面白色有茸毛小刺。按颜色可分为：红玫瑰、粉玫瑰、黄玫瑰、白玫瑰、黑玫瑰、蓝玫瑰和彩虹玫瑰等。

**温度** 喜温暖，较耐寒，生长适温为15~25℃。

**光照** 喜光照充足的环境，但最好避免烈日直射。

**施肥** 栽植前在盆土内施入适量有机肥。在开花前要施花前肥，最好于春芽萌发前进行，以腐熟的厩肥加腐叶土为好。

**浇水** 春天适量浇水；夏天应每天浇水一次；立秋以后应适当减少浇水；冬季保持盆土稍干。

**盆土** 玫瑰盆土可用炭渣、草木灰、园土等混合使用。

**繁殖** 玫瑰的繁殖可以采用扦插法或播种法。

不同颜色的玫瑰

切花玫瑰

# 清香木

漆树科黄连木属

清香木为漆树科黄连木属多年生灌木或小乔木植物。植株表皮为灰色，幼枝上被有灰黄色的微柔毛，互生的叶片呈长圆形或倒卵状长圆形，腋生的花序上被有黄棕色柔毛和红色腺毛，花朵一般为紫红色。

**温度** 喜温暖，生长适温为 15~25℃，能耐 -10℃的低温。

**光照** 清香木喜阳光充足的环境，也耐半阴。

**施肥** 幼苗尽量少施肥甚至不施肥，避免因肥力过足，导致苗木烧苗或徒长。

**浇水** 不要长期湿涝或托盘长期有积水，更不可浇水只浇表皮水，一定要浇透，清香木浇水不要太勤，3~5 天一次为宜。

**盆土** 盆土可以选择用园土、腐叶土以及沙子以 5:2:3 的比例混合，再加入适量的麸饼和少量的骨粉作为基肥。

**繁殖** 清香木的繁殖可采用扦插法或播种法。

# 碰碰香

### 唇形科马刺草属

碰碰香为唇形科马刺草属多年生灌木状草本植物。植株具有蔓性，其茎枝呈棕色，嫩茎则绿色或泛红晕。叶卵形或倒卵形，叶片表面光滑，叶边缘有些疏齿。全株被有细密的白色绒毛。伞形花瓣有深红、粉红、白色、蓝色等。

**温度** 喜温暖，怕寒冷，生长适温为15~25℃，冬季需要0℃以上的温度。

**光照** 喜阳光，全年可全日照培养，但也较耐阴。

**施肥** 生长期间，每月用一次稀薄的肥水浇灌于盆土中，可令其生长正常而不产生肥害。

**浇水** 碰碰香不耐潮湿，过湿则易烂根致死。土壤要见干见湿，阴天应减少或停止浇水。

**盆土** 盆土适合选择肥沃、疏松、富含有机质的土壤。

**繁殖** 碰碰香的繁殖可采用扦插法。

鹅掌柴

五加科鹅掌柴属

鹅掌柴又名鸭掌木、鹅掌木，为五加科鹅掌柴属多年生常绿灌木或乔木植物。植株粗壮的茎直立生长，茎枝上有茸毛覆盖。浓绿色的叶子呈长椭圆形。

🖊 **温度**　喜温暖，适宜生长的温度为 16~27℃。

☀ **光照**　喜半阳，光照强度不是很大的时候可以全天接受日照；在炎热的夏天，要将植株搬入半阴处。

✎ **施肥**　鹅掌柴定植后生长期每两个月施一次麸饼水或者复合肥，孕蕾期可以追施磷钾肥。

🖐 **浇水**　鹅掌柴浇水根据盆土的干湿情况而定，盆土快干时浇水，保持湿润防止积水。

▯ **盆土**　鹅掌柴宜生于土质深厚肥沃的酸性土壤中。

🖐 **繁殖**　鹅掌柴的繁殖可用扦插法。

# 报春花

## 报春花科报春花属

报春花又名小种樱草、七重楼，为报春花科报春花属多年生草本植物。植株的茎比较短，椭圆形的叶片从基部生出，叶面稍有皱痕。花梗细长，花冠粉红色，花有黄色、淡紫色、白色等。

**温度** 喜温暖，稍耐寒，适宜生长温度为 15℃左右。

**光照** 夏季应该放置在阴凉通风的地方；秋天天气渐渐转凉时可以将植株放在全日照下照射。

**施肥** 生长旺盛期每 7~10 天追施一次腐熟的稀薄饼肥液。

**浇水** 浇水不宜过多，夏季每天应该早晚各浇一次，并常在周围喷雾，来增加空气湿度，降低温度；秋季逐渐凉爽后应该减少浇水量与浇水次数；冬季也要注意适当浇水。

**盆土** 盆土适合选择肥沃、疏松、排水性良好的微碱性土壤。

**繁殖** 报春花的繁殖可以采用扦插法或播种法。

# 棕榈

### 棕榈科棕榈属

棕榈又名唐棕、山棕、拼棕等，为棕榈科棕榈属多年生半常绿乔木植物。植株茎单株直立生长，茎枝表皮为褐色并伴有条纹。叶片呈皱折的线状剑形。

**温度** 喜温暖，耐寒能力较强，生长适温为 18~25℃。

**光照** 对光照要求不严，既能在全日照下生长良好，又能在较阴的室内良好生长。

**施肥** 生长初期一般每月施肥 1~2 次，地栽的每年施肥一次，以复合肥为主。

**浇水** 生长期浇水保持土壤处于湿润偏干的状态。

**盆土** 盆土可以选择用园土、腐叶土、沙以 4:4:2 的比例混合制作，也可以使用园土、泥炭土、堆肥土、沙以 4:3:2:1 的比例来混合制作。

**繁殖** 棕榈可以通过播种繁殖，以春季播种为好。

# 橡皮树

桑科榕属

橡皮树又名红缅树、红嘴橡皮树，为桑科榕属多年生常绿乔木植物。植株的主干明显，互生的叶片宽大肥厚，呈椭圆形或倒卵形，叶片表面富有光泽。

**温度** 喜温暖，生长适温为 20~25℃ 。

**光照** 喜明亮的散射光，有一定的耐阴能力。不耐强烈阳光的暴晒。

**施肥** 夏季属于生长旺季，可半个月使用一次复合肥；秋季逐步减少施肥和浇水促使枝条生长充实，冬季不施肥。

**浇水** 夏季每天浇水一次，保持盆土湿润；春秋季节，3~5 天浇水一次，保持基质湿润即可；冬季则需控制浇水。

**盆土** 喜肥沃疏松和排水良好的微酸性土壤。

**繁殖** 橡皮树可用扦插法繁殖。

# 秋海棠

## 秋海棠科秋海棠属

秋海棠为秋海棠科秋海棠属多年生草本植物。植物根状茎呈球形，茎直立生长，有分枝和纵棱，互生的叶片为宽卵形至卵形，边缘具不等大的三角形浅齿，花朵粉红色或紫红色。

**温度** 喜温暖，在温暖的环境下生长迅速，生长适温为 19~24℃，冬季温度不低于 10℃。

**光照** 对光照较敏感，一般适合在晨光和散射光下生长，在强光下易造成叶片灼伤。

**施肥** 春秋生长期需薄肥勤施。生长缓慢的夏季和冬季，少施或停止施肥，避免因茎叶发嫩、减弱抗热及抗寒能力而发生腐烂病症。

**浇水** 春秋生长旺盛期土壤需要含有较多的水分，浇水要及时，保持湿润即可；夏季是秋海棠的半休眠或休眠期，水分要少些，盆土保持稍干些；冬季则少浇水，盆土要始终保持稍干状态。

**盆土** 适合生长在 pH 为 6.5~7.5 的中性土壤中，盆土常用堆肥土、腐叶土或炭土。

**繁殖** 可用扦插法繁殖，在春秋两季为最好。

兜兰

兰科兜兰属

兜兰又名拖鞋兰、绉枸兰,为兰科兜兰属多年生草本植物,因花瓣呈口袋形,就像兜囊一样,因此得名兜兰。茎极短,叶片呈革质,近基生,叶片带形或长圆状披针形,绿色或带有红褐色斑纹。

**温度** 喜欢凉爽的环境,生长适温为12~18℃。

**光照** 兜兰忌强光直射,冬、春可以全日照,夏、秋要适当遮阴。

**施肥** 生长初期一般不用施肥,进入生长旺期后每20~30天施一次复合肥,花蕾期追施磷钾肥。

**浇水** 浇水见干就浇,一次浇透,保持盆土在常润状态,切勿喷雾时将水喷在花瓣上。

**盆土** 盆土可以选择用蕨根、木炭、沙以3:3:1的比例混合制作,也可以选择用树皮、木炭、沙按上面相同的比例混合制作制作。

**繁殖** 分株是兜兰的主要繁殖方式,春秋都可以进行,以春天为主。

# 广玉兰

## 木兰科木兰属

广玉兰为木兰科木兰属多年生常绿乔木植物，由于开花很大，形似荷花，故又称"荷花玉兰"。植株表皮灰白色，叶阔花香，能抗风，对二氧化硫等有毒气体有较强的抗性。

✏️ **温度** 喜温暖，有一定抗寒能力，生长适温为 15~25℃。

☀️ **光照** 广玉兰喜欢光照充足的环境，也可以耐半阴。

✍️ **施肥** 生长初期可以不施肥，花期可以施肥 1~2 次，以磷钾肥为主。

💧 **浇水** 广玉兰在生长期需保持盆土湿润，夏季要经常补水。

🪴 **盆土** 广玉兰喜疏松、排水良好、含腐殖质营养丰富的土壤，盆土可选择将泥炭土与珍珠岩以 7:3 的比例混合使用，并加入少量基肥。

🌱 **繁殖** 广玉兰的繁殖可选择播种法或嫁接法。

# 蜡花

蜡梅科蜡梅属

蜡花又名淘金彩梅、杰拉尔顿蜡花或风蜡花，为多年速生常绿灌木植物，叶片绿色，对生线形，叶似松针，四季常青。其花形似梅花，花色有粉红色和白色，配以紫色或金黄色花心。

**温度** 生长适温为 15~35℃。

**光照** 需充足的阳光，夏季注意遮阴。

**施肥** 对肥料的需求很少，可少量施些薄肥。

**浇水** 较耐旱，适量浇水，一般 3 天左右浇一次水即可。

**盆土** 喜 pH 为 6 左右的微酸性且排水良好的土壤。

**繁殖** 蜡花的繁殖可以采用扦插法或播种法。

# 火炬花

### 百合科火把莲属

火炬花是多年生宿根草本植物，又称红火棒、火把莲。植株高80~120厘米，茎直立。总状花序着生数百朵筒状小花，呈火炬形，小花下垂，花冠橘红色，花期6~7月。叶线形，蒴果黄褐色，果期9月。

✎ **温度** 喜温暖，生长适温为18~25℃。

☼ **光照** 喜光照充足的环境，也耐半阴。

✎ **施肥** 栽植前应施适量基肥和磷、钾肥，生长旺盛期每月施肥一次。

**浇水** 生长期及时浇水，每次浇透，保持盆土湿润，冬季停止浇水。

**盆土** 适合生长在土层深厚、肥沃及排水良好的沙质土壤中。

**繁殖** 可用播种法或分株法。

**白头翁**

毛茛科白头翁属

白头翁为多年生宿根草本植物，别名有奈何草、白头草、老姑草等。植株高 15～35 厘米，叶片呈卵形，花萼蓝紫色，花柱宿存，银丝状，形似白头老翁，故得名白头翁或老公花。花期 3～5 月。

**温度**　喜凉爽，耐寒，生长适温为 13~18℃，冬季能忍受 0℃的温度。

**光照**　喜光照，夏季适当遮阴。

**施肥**　生长期应每 10 天左右施肥一次。

**浇水**　生长期应及时浇水，保持土壤湿润，但应防止积水。

**盆土**　盆土，选择土质疏松肥沃的沙壤土或壤土栽培。

**繁殖**　白头翁可以在老株尚未萌发时连根挖起，进行分株繁殖。

# 铁线莲

毛茛科铁线莲属

铁线莲有别名铁线牡丹、番莲等，为落叶或常绿草质藤本植物。茎棕色或紫红色，叶片狭卵形。花单生开展，直径约5厘米，有芳香。萼片6枚，乳白色，倒卵圆形或匙形，花期从早春到晚秋。

✎ **温度**　生长适温为 10~15℃，耐寒性强，可耐 -20℃低温。

☼ **光照**　生长期充分接受光照，夏季适当遮阴。

◈ **施肥**　抽新芽前，可施稀释的复合肥，以加快生长，在 4 月或 6 月追施一次磷酸肥，以促进开花。

✍ **浇水**　春秋季节一般每隔 3~4 天浇一次透水；夏季适当进行叶面、地面喷水以增湿降温；冬季少浇水。

▱ **盆土**　喜肥沃、排水良好的碱性壤土，忌积水或夏季干旱而不能保水的土壤。

🎁 **繁殖**　播种、压条、嫁接、分株或扦插繁殖均可。

# 木芙蓉

锦葵科木槿属

木芙蓉为落叶灌木或小乔木植物。整株上均被细绵毛，叶宽卵形至圆卵形或心形，先端渐尖，周围具钝圆锯齿。花单生于枝端叶腋间，萼钟形，初开时白色或淡红色，后变深红色。

✎ **温度** 喜温暖湿润的环境，生长适温为 15~25℃。

☼ **光照** 喜光照充足的环境，也耐半阴。

✎ **施肥** 花前肥在开始开花之际施入尿素加适当磷肥。

✎ **浇水** 炎夏季节应多浇水，以保持湿润，入秋后适量减少水分，在花蕾透色时应适当控水。

▢ **盆土** 适合生长在土层深厚、肥沃及排水良好的沙质壤土中。

▢ **繁殖** 木芙蓉的繁殖有扦插、压条、分株等方法。

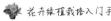

# 女贞

木犀科女贞属

女贞又称冬青等，是常绿灌木或乔木植物，高可达25米。树皮灰褐色。叶片常绿，革质，卵形或椭圆形，叶缘平坦，上面光亮，两面无毛。

✏ **温度** 喜温暖，耐寒，生长适温为 15~25℃，能耐 -10℃的低温。

☀ **光照** 喜光耐阴，需有一定的光照。

🪣 **施肥** 无需太多的肥料，适当地追施即可。

💧 **浇水** 喜湿性的植物，要控制浇水，忌积水，以免引发疾病。

🗄 **盆土** 适合生长在土层深厚、肥沃及排水良好的沙质壤土中。

🪴 **繁殖** 女贞一般采用播种法繁殖。

**巴西木**

百合科龙血树属

巴西木是常绿乔木植物，弯曲呈弓形，鲜绿色有光泽。花小不显著，芳香。颇为流行的室内大型盆栽花木，格调高雅、质朴，并带有南国情调，是一种株形优美、规整的新一代室内观叶植物。

**浇水** 对湿度要求较高，盆土应保持湿润，要经常向叶面喷水，忌积水，以免引起烂根。

**盆土** 在疏松肥沃、排水良好、富含有机质的沙质土壤中生长良好。

**繁殖** 繁殖可用扦插法或水培法，以5~8月为最宜。

**温度** 生长适温为15~25℃，冬季温度要维持在5~10℃。

**光照** 对光线适应性很强，稍遮阴或阳光下都能生长。

**施肥** 施肥宜施稀薄肥，切忌浓肥，施肥期在每年的5~10月。冬季停止施肥。

**金银花**

忍冬科忍冬属

金银花又名金银藤、银藤、二宝藤、右转藤、子风,为忍冬科忍冬属多年生常绿灌木。植株的藤为褐色至赤褐色,对生的叶片为卵形至矩圆状卵形。

**温度** 喜温暖,耐寒性较强,生长适温为 15~28℃。

**光照** 喜阳光,也耐阴,每天日照时间在 7~8 小时为最佳。

**施肥** 金银花施肥不宜多,应少量多次,生长期每月要施一次腐熟肥饼水,花蕾期追施见效快的磷肥,秋季落叶以后要停止施肥。

**浇水** 浇水以保持盆土湿润偏干为宜,浇水时间一般在傍晚或早上,切忌盆土太干。

**盆土** 对土壤要求不严,酸性、盐碱地均能生长。

**繁殖** 金银花的繁殖可采用扦插法。

# 椰子树

棕榈科椰子属

椰子树又名奶桃、可可、越王头、椰汁、椰酒等，为棕榈科椰子属多年生常绿乔木植物。植株的枝干挺直，株形整齐，其羽状叶呈线状披针形，叶色为绿色。

**温度** 喜温暖至高温环境，生长适温为 20~30℃。

**光照** 椰子树为喜光照植物，除冬季给予较好的光照外，其他时间内尽量给予散射光照。

**施肥** 4~10 月生长期，每月施 1~2 次液肥或复合肥，此外，每 15~20 天追施复合肥。

**浇水** 夏秋季空气干燥时，要经常向植株喷水，以提高环境的空气湿度。冬季适当减少浇水量，以利于越冬。

**盆土** 盆土可用草炭、椰糠、沙以 2:1:1 的比例混合制作。

**繁殖** 椰子树的繁殖可选择播种法。

## 蜀葵

锦葵科蜀葵属

蜀葵是锦葵科蜀葵属多年生草本植物，又名一丈红、大蜀季等。其茎直立，密被刺毛，叶面粗糙有柔毛。花簇生或单生，花色有紫、红、白、粉红、黄色等，花期在6~8月。

**温度** 生长适温为 15~25℃。

**光照** 喜光照，也耐半阴。

**施肥** 蜀葵在开花前要追施肥 1~2 次，追施肥料以磷、钾肥为佳。

**浇水** 蜀葵幼苗生长期要保持充足的水分，成年植株栽植时，适量浇水。

**盆土** 在疏松肥沃、排水良好、富含有机质的沙质土壤中生长良好。

**繁殖** 蜀葵通常采用播种法繁殖，也可采用分株和扦插法繁殖。

# 贝母
## 百合科贝母属

贝母又名川贝、勤母、苦菜、苦花、空草、药实等，为多年生草本植物，鳞茎可供药用，圆锥形，茎直立，高15~40厘米。叶长形，常对生，先端有轻微卷曲。

**温度** 喜温暖，生长适温为16~27℃。

**光照** 光照强度不是很大的时候可以全天接受日照，夏季需避免强光直射。

**施肥** 出苗后及时松土除草，结合追肥，并喷施药材根大灵，使叶面光合作用产物（营养）向根系输送。

**浇水** 保持土壤湿润即可，以利于根茎的生长。

**盆土** 贝母以排水良好、土层深厚、疏松、富含腐殖质的沙壤土种植为好。

**繁殖** 贝母的繁殖可用播种法。

# 平安树

樟科樟属

平安树为樟科樟属多年生常绿小乔木植物。植株光滑的树皮为黄褐色，小枝为黄绿色，对生的革质叶片呈卵形或椭圆形，叶片表面为亮绿色且网脉明显。

✏ **温度** 喜温暖，生长适温为 20~30℃。冬季应维持室内温度不低于 5℃。

☼ **光照** 平安树需要较好的光照，但又比较耐阴。

✎ **施肥** 生长旺季可每月追施一次稀薄的饼肥水或肥矾水等。入秋后，连续追施两次磷钾肥（磷酸二氢钾溶液），促成嫩梢及早木质化，以安全过冬。冬季应停止一切形式的追肥，以防肥害伤根。

💧 **浇水** 平安树喜湿润，盆栽植株应经常保持盆土湿润，但又不得有积水，环境相对湿度以保持 80% 以上为好。

🪴 **盆土** 栽培宜用疏松肥沃、排水良好、富含有机质的酸性沙壤土。

🌱 **繁殖** 平安树可在春季进行扦插繁殖。

第六章

无须多施肥
的懒人花卉绿植

虎刺梅

大戟科大戟属

虎刺梅为大戟科大戟属多年生常绿灌木植物。植株的茎直立生长，分枝较多，茎枝上长有尖锐状锥刺，互生的叶片为倒卵形或长圆状匙形，聚伞花序顶生，花色丰富，以粉红、黄、白为主，十分艳丽。

✎ **温度** 不耐寒，生长适温为 15~25℃。温度低于 0℃时植株会因冻害死亡。

☼ **光照** 喜光照也能耐阴，在庇荫的条件下叶色浓绿，但开花稍差。

🪣 **施肥** 在生长季节每月施加一次基肥，花蕾期施一些磷钾肥就可以了。

💧 **浇水** 浇水只要保持土壤湿润即可，不要过湿，雨水季节要注意防涝。

🪴 **盆土** 虎刺梅的基质可用菜园土与煤渣以 3:1 比例混合使用。

🪴 **繁殖** 虎刺梅的繁殖可采用分株法或扦插法。

不同颜色的虎刺梅

# 栀子花
## 茜草科栀子属

栀子花为多年生常绿灌木植物。植株茎比较纤细，枝干为灰色，叶片在基部互生，呈长椭圆形，聚伞状花序，花苞细小但数量很多，花色为纯白色，有淡雅清香味。植物的根、叶、果实均可入药，有泻火除烦，清热利尿，凉血解毒的功效。

**温度** 喜温暖，耐热也稍耐寒，生长适温为 15~25℃。

**光照** 喜光照也能耐阴，在庇荫的条件下叶色浓绿，但开花稍差。

**施肥** 栀子花耐贫瘠，现蕾后增施磷肥、钾肥，冬季停止施肥。

**浇水** 春季，1~2 天浇一次水，保持土壤湿润；夏季，每天早晚浇一次水；秋季开花后，宜 3~5 天浇一次水；冬季，宜 5~7 天浇一次水。

**盆土** 栀子花的栽培要用肥沃、疏松、排水良好的酸性土壤。

**繁殖** 栀子花可以选择扦插、分株或压条的方法繁殖。

**金鱼草**
玄参科金鱼草属

金鱼草为玄参科金鱼草属多年生草本花卉植物。植株茎直立生长，叶子呈长圆状披针形。总状花序，花冠呈筒状唇形，花色有白、丹红、深黄、黄橙等颜色，可以盆栽种植。金鱼草也是一味中药，可以清热解毒、凉血消肿。

**温度** 较耐寒，不耐热，生长适温为13~18℃。

**光照** 喜光照，也耐半阴的环境。

**施肥** 金鱼草有根瘤菌，具有固氮作用，一般不施氮肥，施一些磷钾肥就可以了。

**浇水** 浇水只要保持土壤湿润即可，不要过湿。

**盆土** 盆土可选择将腐叶土和园土按7:3的比例混合制作，或者将腐叶土、园土和沙土以4:4:2的比例混合制作，并加入少量麸饼或粪干。

**繁殖** 金鱼草的繁殖可采用播种法或扦插法。

# 虎尾兰

龙舌兰科虎尾兰属

虎尾兰为龙舌兰科虎尾兰属多年生常绿草本植物，植株的茎生长于地下，簇生的叶片呈现剑状，叶片边缘为黄色，中间有浅绿色和深绿色相间的横带斑纹，开出的小花为绿白色。

✏ **温度** 性喜温暖，生长适温为 20~30℃。

☀ **光照** 喜光照，也耐半阴。

🔖 **施肥** 耐贫瘠，生长期每 10~15 天施一次稀薄的麸饼水可使植株生长更好。

💧 **浇水** 以"宁干勿湿"的原则适度浇水。春季根茎萌发时可以适当地增加一点浇水量。雨季遮雨防止盆内积水造成烂根。

🪴 **盆土** 盆土可以选择用园土、腐叶土、沙子以 5:3:2 的比例混合，再加入适量的腐熟麸饼和少量的磷肥作为基肥。

🌱 **繁殖** 虎尾兰的繁殖可采用分株法或叶插法。

**柏木**

柏科柏木属

柏木为柏科柏木属多年生常绿乔木植物。植株直立生长，外形呈近似圆锥形。互生的叶片呈细长披针形，叶片为浓绿色。柏木抗风性强、耐烟尘，具有很好的净化空气作用。

✏️ **温度** 喜温暖，较耐寒，生长适温为 13~20℃。

☀️ **光照** 喜欢阳光充足的环境，也能够接受半阴。

🪣 **施肥** 柏木稍耐贫瘠。盆栽的植株生长期可以每月施肥一次，交替施麸饼肥和复合肥，地栽的植株每年施肥一次。

💧 **浇水** 在柏木生长期要保证水分，特别是在夏季要保证水分充足，春、秋、冬季保持盆土偏干。

🪴 **盆土** 对土壤适应性广，中性、微酸性及钙质土壤中均能生长。

🪴 **繁殖** 柏木可以在春季或者秋季进行播种繁殖。

# 绿之铃
## 菊科千里光属

绿之铃为多年生肉质草本植物。植株茎极细，枝条都会向下长，形成众多的垂蔓，如同珠子。互生的叶片为心形，圆润饱满形似佛珠，叶色深绿，头状花序顶生，花白色或褐色，花期夏季。

💧 **浇水** 绿之铃喜欢湿润的环境，也耐干旱，生长期可多浇水。夏季多喷雾，提高空气湿度；秋后减少浇水，提高植物的抗寒能力。

🏺 **盆土** 栽培基质可用营养土、粗沙等的混合土壤加入些许骨粉配制。

🌱 **繁殖** 绿之铃的繁殖一般采用扦插法。

✏️ **温度** 喜欢温暖的环境，生长适温为20~28℃。

☀️ **光照** 绿之铃喜欢半阴的生长环境，可将植物摆放在室内有明亮散射光处，忌烈日暴晒，否则会灼伤植物。

🧴 **施肥** 耐贫瘠，不需太多肥料，一年施复合肥3~4次，换盆时看花盆大小适当地添加一些底肥。

# 球兰
## 萝藦科球兰属

球兰为萝藦科球兰属多年生为攀爬灌木植物。植株通常附生于其他植物上或者墙壁之上，革质的叶片对生，厚实有肉，球状花冠腋生，花冠之上生无数小花，海星状，有红色的花蕊。

🖐 **浇水** 盆土以保持湿润状态为佳，但盆内不能出现积水，高温季节要充分浇水，平时还要在叶面上喷水。

▭ **盆土** 盆土可以选择用泥炭土、腐叶土和沙以3:3:1的比例混合，并加入少量的基肥。

🌱 **繁殖** 球兰的繁殖可采用扦插法或压条法。

🖊 **温度** 生长适温为 18~28℃，冬季要适当保温，低于5℃时，植株会死亡。

☀ **光照** 性喜光，一般放置在阳光充足的地方，夏季忌高温暴晒。

🖌 **施肥** 平时需要肥料较少，生长旺季每月要施肥1~2次，入秋之后要逐渐地减少施肥量。

# 吸毒草

### 唇形科薄荷属

吸毒草为唇形科薄荷属多年生草本植物。植株的高度一般在50厘米左右，茎叶具有肥皂香味，浅绿色的叶子十分漂亮，揉一揉会闻到一股柠檬的香味。轮伞形花序，唇形的花朵为淡粉紫色，花期7~8月。

**温度** 耐热、耐寒，生长适温为 10~20℃。

**光照** 喜光照，也很耐阴。

**施肥** 吸毒草较耐贫瘠，对肥料要求不多，生长期每月施肥一次即可。

**浇水** 盛夏每天可向叶面喷洒水雾；春秋季，盆土以湿润为度，每 3~5 天浇一次水；冬季应减少浇水，保持盆土不干即可。

**盆土** 吸毒草在一般的土壤中即能生长，对土壤没有苛刻要求，最适合的是蓬松透气的腐叶土。

**繁殖** 吸毒草的繁殖可用扦插法。

半枝莲在四川称为赶山鞭，江苏称为牙刷草，为唇形科黄芩属多年生草本植物。植株茎直立生长，呈现四棱形，茎上很少有分枝产生，叶片三角状卵圆形或披针形。

**温度** 半枝莲的抗寒能力不足，生长适温为 20~30℃。

**光照** 半枝莲属于阳性植物，因此在日常的养护中要保证半枝莲能够接受足够的光照，在夏季也不用遮阴。

**施肥** 半枝莲能够适应多种环境，对于肥料和水分的要求不高。

**浇水** 给半枝莲浇水保持盆土湿润即可，不可过量，地栽日常雨水即可完全满足半枝莲的需水量。

**盆土** 半枝莲的盆土基质可将园土、腐叶土和沙按 7:2:1 的比例混合，再加入少量的腐熟麸饼、钙镁磷肥作为基肥。

**繁殖** 半枝莲的繁殖可用播种法或扦插法。

## 佛肚竹
### 禾本科簕竹属

佛肚竹为禾本科簕竹属多年生常绿灌木竹类植物，因植株每两节相接处隆起，好像弥勒佛的肚子，故得名佛肚竹。佛肚竹是很多工艺品、文玩物品的加工原料，如扇子、竹雕、乐器等。

**温度** 喜温暖，抗寒力较低，生长适温为 15~25℃。

**光照** 喜光，但怕烈日暴晒。

**施肥** 佛肚竹耐贫瘠，施肥不宜过多，肥水过大会导致植物枝叶陡长，影响美观。3~9月，每月施一次腐熟稀薄的液肥即可。

**浇水** 佛肚竹属于耐水湿植物，应经常进行浇水，保持土壤湿润，但盆内不可出现积水。夏季是生长旺盛期，早晚进行浇一次水；冬季控制浇水。

**盆土** 盆土可以选择用园土、腐叶土和沙子以 7:2:1 的比例混合作为基质，并加入适量的腐熟麸饼和少量的骨粉作为基肥。

**繁殖** 佛肚竹的繁殖可用扦插法或埋节育苗法。

# 薰衣草

## 唇形科薰衣草属

薰衣草又名香水植物、灵香草、香草，是多年生草本植物。植株高度可达90厘米，茎部直立。叶片互生，呈椭圆形披针叶。夏季开花，有深紫色、蓝色、粉色等。

**温度**　成年薰衣草既耐低温，又耐高温，在收获季节能耐40℃左右的高温。

**光照**　薰衣草属长日照植物，生长发育期要求日照充足。

**施肥**　在生长期中避免施加过多的氮肥。

**浇水**　生长期掌握"见干见湿"原则，每半个月浇水一次；休眠期少浇水，每月一次即可。

**盆土**　种植薰衣草所需的土壤应选择园土、泥炭土和沙土，按照5:3:2的比例配制。

**繁殖**　薰衣草主要以扦插为主，这样能保持母株的优良品质。

## 火棘

### 蔷薇科火棘属

火棘又名火把果、救军粮、红子刺，原产中国西南部，是一种多年生的木本植物。树形优美，夏季开花，秋季结果。果实红色，观赏期长达大半年之久。

**温度** 生长适温为 20~30℃。

**光照** 喜温暖湿润且通风良好、阳光充足、日照时间长的环境。

**施肥** 春季勤施肥，每 10 天施肥一次；夏季每隔 15 天施肥一次，秋季每隔 10 天施肥一次。

**浇水** 生长期每天浇一次透水，高温期每天还应检查补充浇水。春、秋季节 2~3 天浇一次，掌握不干不浇、浇必浇足原则。

**盆土** 种植火棘所需的土壤应选择营养土和河沙以 1:1 比例配制。

**繁殖** 火棘适合用播种或扦插的方法繁殖。

# 凤仙花

凤仙花属凤仙花科

凤仙花又名指甲花、金凤花、好女儿花，一年生草本植物。茎粗壮，肉质，直立，叶片披针形、狭椭圆形或倒披针形，花单生或2~3朵簇生于叶腋。种子多数为圆球形，黑褐色，主要品种有：顶头凤仙、矮生凤仙、龙爪凤仙等。

**温度**　耐热不耐寒，生长适温为 15~25℃。

**光照**　喜阳。

**施肥**　生长期少量浇灌肥水，以促进生长，施肥营养全面，可得到较多、较大的花朵。

**浇水**　夏季天气干燥，温度较高要及时浇水，早晨可一次浇足，傍晚若发现盆土已干燥时，须补浇一些；春季处于生长期，适当多浇水，1~3 天一次；冬天天气寒冷，少浇水，4~7 天一次。

**盆土**　疏松肥沃的土壤，在较贫瘠的土壤中也可生长。

**繁殖**　凤仙花适合用播种繁殖。

# 醉鱼草

马钱科醉鱼草属

醉鱼草又名鱼尾草、五霸蔷薇、痒见消、闭鱼花，落叶灌木植物，树皮茶褐色，多分枝，单叶对生，叶片膜质，穗状花序顶生。主要品种有：大叶醉鱼草、互叶醉鱼草、密蒙花、圆叶醉鱼草、大序醉鱼草、大花醉鱼草等。

✎ **温度** 耐寒，生长适温为 15 ~ 40℃。

☼ **光照** 喜光照也能耐阴。

◈ **施肥** 极少施肥，在定植前施腐熟的基肥即可。

▨ **浇水** 每年灌水 1~2 次，即可生长开花，是节水耐旱的良好观赏植物。

▽ **盆土** 醉鱼草在肥沃的土壤生长良好，其适应性强，且耐贫瘠。

♉ **繁殖** 醉鱼草以扦插繁殖为主。

# 琴叶榕

桑科榕属

琴叶榕又名琴叶橡皮树，茎干直立，叶柄短，叶为革质，全缘，光滑，深绿色或黄绿色，叶脉中肋于叶面凹下并于叶背显著隆起，侧脉亦相当明显，隐花果球形，有白斑，成对或单一，无梗。

**浇水** 浇水量应取决于周围环境温度的高低，春夏两季需水量较大，休眠期应减少水量，保持盆土湿润即可。夏季可适当淋浴小雨以利生长，若定期喷洒温水，长势还会更好，浇水以微酸性为好。

**盆土** 栽培基质可用微酸性土壤。

**繁殖** 繁殖一般采用扦插法。

**温度** 喜欢温暖的环境，生长适温为 25~35℃。

**光照** 喜阳光。

**施肥** 从新叶展开时起至 8 月中旬，每隔 10 天施肥一次，以氮肥为主。生长量大时，可多施肥，停止生长或休眠时不施肥。

# 垂榕
## 桑科榕属

垂榕，又名黄金垂榕、垂叶榕，常绿灌木或小乔木植物。树干直立，灰色，树冠锥形。枝干易生气根，小枝弯垂状，全株光滑。叶椭圆形，互生，叶缘微波状，先端尖，基部圆形或钝形。

**浇水**　生长旺盛期应经常浇水，保持湿润状态，并经常向叶面和周围空间喷水，以促进植株生长，提高叶片光泽度。冬季盆土过湿容易烂根，须待盆干时再浇水。

**盆土**　盆土可采用富含腐殖质的混合土，如用堆肥与等量的泥炭土混合，并施入一些基肥作底肥。

**繁殖**　繁殖可采用扦插法或压条法。

**温度**　喜温暖，不耐寒。

**光照**　性喜光，一般放置在阳光充足的地方，夏季忌高温暴晒。

**施肥**　生长季节施肥可以每两周施一次液肥，肥料以氮肥为主，适当配合一些钾肥。冬季少施肥或不施肥。

**石蒜**

石蒜属石蒜科

石蒜又名龙爪花、老鸦蒜、彼岸花、曼珠沙华，多年生草本植物，叶鳞茎广椭圆形，初冬出叶，线形或带形。花茎先叶抽出，中央空心。主要种类有：红花品系、白花品系、黄花品系及复色品系等。

**温度** 喜温暖，不耐寒，生长适温为15~25℃。

**光照** 喜阳，忌阳光直射。

**施肥** 初开花后生长期前。采花之后继续供水供肥，但要减施氮肥，增施磷、钾肥，使鳞茎健壮充实。

**浇水** 刚上盆的植株要先浇水一次，使土略微湿润即可，待发出新叶后再浇水。每半个月施液肥一次。在秋季叶片增厚老熟时，可停止浇水。

**盆土** 疏松，肥沃、深厚、含腐殖质丰富的壤土。

**繁殖** 播种繁殖，采种后应立即播种，20℃左右温度下半个月即可发芽。苗期可移植一次。

连翘

木犀科连翘属

连翘，又名落翘、黄奇丹、黄花条、连壳等，落叶灌木植物。枝开展或下垂，叶通常为单叶或复叶，上面深绿色，下面淡黄色。叶柄无毛，花萼绿色，花冠黄色，裂片倒卵状，长圆形或长圆形，主要品种有：青翘、黄翘等。

**温度** 喜温暖，不耐寒，生长适温为15~25℃。

**光照** 喜光、稍耐阴。

**施肥** 春季每15~20天施一次腐熟的稀薄液肥或复合肥；秋季除正常的施肥外，还可向叶面喷施磷酸二氢钾等含磷量较高的肥料，以促使花芽的形成；夏季则停止施肥；入冬落叶后施人厩肥，以确保安全越冬。

**浇水** 连翘一般不需要人工特意浇水，只需要自然雨水、露水，土壤含有水分即可，只要在特别炎热或者干旱的季节补充浇水。

**盆土** 土壤肥沃、质地疏松、排水良好的沙壤土。

**繁殖** 连翘适合用扦插繁殖。

## 西番莲
### 西番莲科西番莲属

西番莲又名鸡蛋果，为西番莲科西番莲属草质藤本植物。肉质根，茎多为绿色，髓部中空，节间光滑，有卷须。叶片掌状三裂，有锯齿，光滑，呈深绿色。花形硕大美丽。果实为浆果，果皮革质坚韧。其果肉可散发出香蕉、菠萝、草莓、荔枝、柠檬、芒果、酸梅等香味。

**温度** 喜温暖，一般在不低于0℃的气温下生长良好，到-2℃时植株会严重受害。

**光照** 喜光、稍耐阴。

**施肥** 西番莲追肥一般在定植成活后进行，每月一次，先淡后浓，以施用稀薄粪水为好。

**浇水** 西番莲较耐旱，但如遇干旱，仍需灌溉。土壤过于干燥，会影响藤蔓及果实发育，严重时枝条呈现枯萎状，果实不发育并会发生落果现象。雨季时，注意排水。

**盆土** 肥沃、排水良好的土壤。

**繁殖** 西番莲适合用扦插繁殖。

第七章

蛇蝎美人，
有毒的花卉绿植

# 一品红

大戟科大戟属

一品红花朵独特，有佛焰花序，色泽鲜艳华丽，色彩丰富，叶形苞片，常见的苞片颜色有红色、粉红、白色等，有极大的观赏价值。全株有毒，白色乳汁能刺激皮肤红肿，误食茎叶可引起死亡。

**温度** 生长适温为 18~25℃。

**光照** 喜光照充足的环境，向光性强，属短日照植物，一年四季均应接受充足的光照。

**施肥** 生长期每半个月施肥一次。通常在花芽分化前两周，冬季肥料浓度应降低一半。

**浇水** 一般春季和秋季，3 天左右浇一次水；夏季，每天浇一次透水，空气干燥时多向叶面和周围洒水；冬季，5~7 天浇一次水，要避免盆土积水。

**盆土** 一品红喜疏松、排水良好的土壤，可用园土、腐叶土、腐熟的饼肥按 3:3:1 的比例混合制作，清明节前后要将休眠的老株换盆。

**繁殖** 一品红常用扦插法繁殖。

不同颜色的一品红

## 朱顶红

### 石蒜科朱顶红属

朱顶红又名红花莲、华胄兰、线缟华胄、百枝莲、柱顶红、朱顶兰等，为石蒜科朱顶红属多年生草本植物。植株鳞茎从地下抽出，叶片呈宽带状，花为伞状花序，形似喇叭。

**温度** 喜温暖，生长适温为 18~25℃。

**光照** 阳光不宜过于强烈，适合摆放在室内养护。

**施肥** 每半个月施一次腐熟的麸饼，花后可以每 20 天施一次。

**浇水** 生长初期不要多浇水，使土壤半润偏干即可。旺盛生长期可增加浇水量，使土壤湿润，开花后要逐渐减少浇水量。

**盆土** 盆土可以选择用园土、腐叶土和沙子以 4:4:2 比例混合，再加入适量的腐熟麸饼和少量的骨粉作为基肥。

**繁殖** 朱顶红可在春季或秋季进行播种繁殖。

# 紫藤

豆科紫藤属

紫藤又名藤萝、朱藤、黄环，为豆科紫藤属多年生落叶藤本植物。植株茎丛生缠绕生长，长度可达18~30米，全株没有茸毛。叶片呈卵状披针形。

✎ **温度** 生长适温为 10~20℃ 。

☼ **光照** 喜光照，也耐半阴。

✎ **施肥** 在生长期保证肥料充足，促进生长，其他时期可以不用追肥。

✎ **浇水** 浇水按照"见干见湿"的方式，等到土壤快要干透的时候再去浇水，水量保证土壤充分湿润。

▭ **盆土** 对于土壤的要求不高，但是最适合在肥沃、疏松、湿润的土壤中生长。

▭ **繁殖** 紫藤的繁殖可以采用播种、扦插或压条法。

**含羞草**

豆科含羞草属

含羞草为豆科含羞草属多年生草本或亚灌木植物。植株茎圆柱状，叶片为羽毛状复叶互生，呈掌状排列。头状花序为长圆形，花有白色、粉红色等，荚果呈扁圆形，花期3~10月。

天浇水。夏季炎热干旱时应该早、晚各浇一次水，缺水则叶片会下垂以至发黄。

🌡 **温度**　喜温暖，生长适温为15~30℃。

☀ **光照**　喜阳光充足的环境。

🌱 **施肥**　苗期每半月施追肥一次。如不想让株形过大，则要减少施肥量。

💧 **浇水**　在阳光充足的条件下，根系生长很快，需要每

🪴 **盆土**　含羞草盆土一般用园土、腐叶土、沙以2:1:1的比例混合，加入少量麸饼和磷肥作为基肥。

🌱 **繁殖**　含羞草一般以播种繁殖为主。

## 萱草

### 百合科萱草属

萱草为百合科萱草属多年生草本植物。植株具有短茎和纺锤状的块根，叶片从基部生出，呈狭长的剑形，花茎从叶丛中抽出，花冠呈漏斗状，花色有橙色、红色、黄色、褐色等。

逐渐减少浇水量；冬季保持土壤在半润偏干的状态。

**温度** 萱草习性强健，耐寒，生长适温为 15~25℃。

**光照** 喜光照，也耐半阴的环境。

**施肥** 萱草生命力顽强，生长过程中无需担心施肥，即使在贫瘠的土壤中也能生存。

**浇水** 春季至秋季应多浇水，保持土壤湿润；秋末要

**盆土** 盆土可选择用园土、腐叶土和沙子以 4:4:2 的比例混合，再加入适量的腐熟有机肥作为基肥。

**繁殖** 萱草的繁殖可用分株法、播种法或扦插法。

郁金香

百合科郁金香属

郁金香又名郁香、洋荷花。鳞茎扁圆，茎叶光滑具白粉，叶较宽大，花丝基部，反卷。花色有白、粉红、洋红、紫、褐、黄、橙等，深浅不一，单色或复色。花朵有毒碱，和它呆上一两个小时后会感觉头晕，严重的可导致中毒，过多接触易使人毛发脱落。

✎ **温度** 生长适温为 8~28℃，耐寒。

☼ **光照** 喜光照充足的环境，一年四季均应接受充足的光照。

🖉 **施肥** 栽培地应施入充足的腐叶土和适量的磷、钾肥作基肥。

🖐 **浇水** 郁金香对于水分要求适量即可，过量或太少皆对其构成威胁。浇水重点在于别让水分淤塞于盆内，也不宜使介质完全干燥。

🗆 **盆土** 第一年种植的土壤如果土质较黏，可以每 100 平方米用两个立方米泥炭和 5 千克复合肥做底肥进行土壤改良。

🗆 **繁殖** 常用播种繁殖。

不同颜色的郁金香

# 石榴

石榴科石榴属

石榴又名安石榴、山力叶、丹若、若榴木、金罂等，为石榴科石榴属多年生落叶灌木或小乔木植物。植株枝条直立生长，为灰褐色，肉质叶片呈椭圆形，花为聚伞状花序，花朵呈钟形。

**温度** 生长适温为 15~20℃，冬季温度低于 -10℃ 时会受到冻害。

**光照** 生长期要求全日照，并且光照越充足，花越多、越鲜艳。光照不足时，会只长叶不开花，影响观赏效果。

**施肥** 施肥可以在生长期时交替施麸饼水和复合肥，1~2 个月一次。

**浇水** 在石榴生长的一般季节保持土壤湿润，冬季则需要减少浇水量，将土壤维持在润而偏干的状态。

**盆土** 石榴对土壤要求不严，以排水良好的沙质土壤最为合适。

**繁殖** 石榴一般采用扦插的方法繁殖。

**虞美人**
罂粟科罂粟属

虞美人为罂粟科罂粟属多年生草本植物。植株茎直立生长，全株被疏毛，互生的叶片为椭圆形。花直立向上生长，花的萼片有两枚并带有刺毛，花瓣较薄呈圆形，花色有红、橙、黄、白、紫、蓝等颜色，浓艳华美。

✎ **温度** 耐寒，怕热，生长适温为5~25℃。

☼ **光照** 虞美人生长期要求光照充足，每天至少要有4小时的直射日光。

✎ **施肥** 播种时，要施足底肥。在开花前应施稀薄液肥1~2次，现蕾后每间隔3天向叶面喷施一次磷酸二氢钾液，进行催花。

✍ **浇水** 刚栽植时，控制浇水，以促进根系生长。现蕾后充足供水，保持土壤湿润。在开花前，每间隔3天向叶面喷水一次。

▽ **盆土** 喜排水良好、肥沃的沙壤土。不耐移栽。盆土可用泥炭土、腐叶土和沙按4:2:2的比例混合配制。

🌱 **繁殖** 虞美人可用播种法繁殖。

水仙

石蒜科水仙属

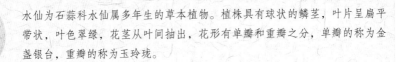

水仙为石蒜科水仙属多年生的草本植物。植株具有球状的鳞茎，叶片呈扁平带状，叶色翠绿，花茎从叶间抽出，花形有单瓣和重瓣之分，单瓣的称为金盏银台，重瓣的称为玉玲珑。

**温度** 喜温暖的环境，不耐寒，生长适温为 15~25℃。

**光照** 喜欢阳光充足的环境，也耐半阴。

**施肥** 水养水仙无需施肥，只要 2~3 天换一次水，若换的是自来水，应事先将水放在水缸中存放一天。

**浇水** 当植物的种球长出茎叶后，可以进行水养。用干净的棉花或者吸水纸覆盖在种球的伤口上。

**盆土** 栽植水仙时，盆土一般用园土、腐叶土、沙按 5:4:1 混合，加入少量麸饼和磷肥作为基肥。

**繁殖** 水仙一般采用侧芽繁殖的方法。

中国水仙

水培水仙

洋水仙

水仙块茎

鸢尾

鸢尾科鸢尾属

鸢尾又名蓝蝴蝶、乌鸢等，多年生草本植物，根状茎粗壮，叶黄绿色，其花由6个花瓣状的叶片构成的包膜，种子黑褐色，梨形，无附属物。因花瓣像鸢的尾巴而得名。全草有毒，以根茎和种子最毒，尤以新鲜的根茎更甚。

**温度**　喜湿润、耐寒，生长适温为5~20℃。

**光照**　喜欢阳光充足的环境，也耐半阴。

**施肥**　鸢尾对氟元素敏感，因此，含氟的肥料（磷肥）和三磷酸盐肥料应禁止使用。反之，如二磷酸盐肥料则应使用。

**浇水**　鸢尾种植后土壤要保持湿润。此后，整个生长期内，土壤都必须长时期地充分湿润。

**盆土**　富含腐殖质、略带碱性的黏性土壤。

**繁殖**　鸢尾一般采用分株繁殖。

不同品种、花色的鸢尾